巧装
小户型

小户型

数码创意　编著

装饰
细节

U0322867

机械工业出版社
CHINA MACHINE PRESS

本书精选了三百多张最新、最实用的精美案例图片，配以简洁实用的文字说明，为大家介绍了小户型居室装饰细节方面的知识。全书分为五章，分别是巧妙搭配色彩粉饰小户型、合理安置家具布局小户型、完美设计收纳整理小户型、精巧安置灯具装扮小户型、细心选择装饰品点缀小户型，并从不同的角度阐述各个细节的处理方式，介绍了小户型装饰细节的相关知识。本书采用图文并茂的表达形式，旨在让读者一目了然，快速掌握小户型装饰装修细节的各种方法和技巧。本书内容精彩，印刷精美，具有很强的指导性和建议性，不仅可以满足普通家装爱好者和准备家装的业主的需求，而且对于专业的家装设计人员也有一定的启发和引导作用。

图书在版编目（CIP）数据

小户型装饰细节/数码创意编著. — 北京 ：
机械工业出版社，2014.5
（巧装小户型）
ISBN 978-7-111-47513-2

Ⅰ.①小… Ⅱ.①数… Ⅲ.①住宅-室内装修-建筑设计 Ⅳ.①TU767

中国版本图书馆CIP数据核字（2014）第169979号

机械工业出版社（北京市百万庄大街22号　邮政编码 100037）
策划编辑：张大勇　　　责任编辑：张大勇
责任校对：白秀君　　　封面设计：李　倪
责任印制：李　洋
北京汇林印务有限公司印刷
2015年5月第1版第1次印刷
210mm×285mm　8印张　136千字
标准书号：ISBN 978-7-111-47513-2
定　　价：38.00元

凡购本书，如有缺页、倒页、脱页，由本社发行部调换
电话服务　　　　　　　　网络服务
服务咨询热线：(010) 88361066　机 工 官 网：www.cmpbook.com
读者购书热线：(010) 68326294　机 工 官 博：weibo.com/cmp1952
　　　　　　　(010) 88379203　金 书 网：www.golden-book.com
封面无防伪标均为盗版　教育服务网：www.cmpedu.com

PREFACE 前言

现代都市生活中，可以将小户型理解为具有相对完整的配套设施、功能齐全的"小面积住宅"，代表方便、快捷、时尚、优雅的生活方式。时至今日，小户型居室产品变得愈加丰富多样，功能得以不断地完善，其使用率、性价比、居室的舒适度和健康度等都得以不同程度的提高，所以，越来越多的年轻人选择小户型居室作为自己未来的家。尽管小户型居室在空间面积上受到了一定的限制，但是其中固有的温馨感和幸福气息并没有丝毫的缺失，只要业主在设计和布置上足够巧妙、创新，就能让小户型居室展现出一种浪漫、惬意的舒适环境。

俗话说，细节决定成败，设计装修和布置装饰小户型居室的过程也是如此，其中会有很多细节之处需要特别关注。例如，面积较小的居室空间在色彩上如何搭配，怎样为小户型居室空间以及家人选择合适的家具，小户型居室中的收纳设计有几种形式等，只有处理好这些装修装饰上的细节，才能布置出美观精致而又时尚大方的小户型居室，才能让小户型居室最大限度地满足家人的生活需求。本书就从这一角度出发，介绍一些小户型居室的装饰细节。

《小户型装饰细节》一书详细地为大家介绍了在小户型居室装修装饰过程中会涉及的一些细节问题。本书共分为巧妙搭配色彩粉饰小户型、合理安置家具布局小户型、完美设计收纳整理小户型、精巧安置灯具装扮小户型、细心选择装饰品点缀小户型五章内容，从多个角度出发，着重介绍了这五个方面的细节处理手法，准确而具体地讲解了小户型居室中装饰细节的相关知识。本书挑选了三百余张精美的实景案例，并为每幅图片配以简洁精炼的文字说明，同时带有专业性的提示建议，考虑到了小户型居室在装修装饰过程中可能会遇到的所有细节问题，为大家介绍了处理这些问题的方法。

本书内容丰富精彩，制作印刷精美，图文并茂的表达形式和条理清晰的知识结构，具有极强的指导性和实用性，非常适合准备进行装修的业主和普通的家装爱好者，以及专业的家装设计人员阅读参考。

参加本书编写的人员有：赵道强、汪洋、汪美玲、何玲、戴红英、吴羡、殷梦君、杨留斌、安良发、丁海关、赵转凤、李倪、马丽、安小琴、樊媛超、安雪梅、谢俊杰、杨威、何佳、赵道胜、程艳、汪起来、赵云、胡文涛、易娟、李影、李红、赵丹华、杨景云、周梦颖、戴珍、刘海玉等。由于作者水平有限，书中难免有疏漏之处，恳请广大读者朋友给予批评指正。若读者有技术或其他问题可通过邮箱xzhd2008@sina.com和我们联系。

CONTENTS 目录

前言

第❶章 巧妙搭配色彩粉饰小户型

第❷章 合理安置家具布局小户型

第❸章 完美设计收纳整理小户型

第④章　精巧安置灯具装扮小户型

第⑤章　细心选择装饰品点缀小户型

第 1 章

巧妙搭配色彩粉饰小户型

居室的色彩布局，对空间风格定位、视觉空间的大小有着至关重要的影响，尤其是体现在面积受局限的小户型居室，装修者们应根据自己的偏好、期望的居室效果，紧密结合色彩搭配的美学规律，选择令空间更开阔、更具美感的色彩，布置出空间最美的形态。

1.1 黑白灰色系的小户型

在室内设计的原理中，黑白灰色系的装点，搭配适当的灯光、植物、壁纸等软装元素，确实可以让小户型空间看起来更加开阔一些。对于喜欢简单居室风格的人，使用黑白灰色系装点，就可以营造出简单不失高雅的空间效果，避免居室出现俗气和繁杂感。在小户型的装饰中，以黑白灰色调为主，夹杂以适当的软装元素来点缀居室，可展现出空间独特的风格。

方案 01
高品质空间设计

亮点设计： 黑色方桌、棕色沙发椅等

设计主题： 设置在地上的暗藏灯，灯光照射到白色墙壁上，呈现出独特的肌理效果，与黑色方桌、深棕色沙发搭配，营造了高品质的空间。

方案 02
打造明净清新感的客厅

亮点设计： 黑色方桌、蓝色布艺抱枕等

设计主题： 海景房因为接近自然的缘故，简单的装饰就可以营造出清新的效果，造型简约的蓝色抱枕、明亮宽敞的落地窗等，都是必不可少的，黑色方桌与白色空间形成时尚对比。

`01`

`02`

精彩细节： 灰色的陶瓷装饰瓶摆放在白色的电视柜上，装点出十分文雅的居室气质。

提示 布置黑白灰色系空间的要点

布置黑白灰色系空间应该注意的要点：一是软装元素的辅助装饰，切忌过多过杂；二是注重塑造小户型居室的层次感。

03

03
活跃客厅的氛围

亮点设计： 圆形壁龛、藤花浅浮雕等

设计主题： 在纯净的白色空间里，客厅的背景墙使用浅浮雕效果的藤花造型来装饰，空间显得生动、浪漫，多层隔板设计在圆形的壁龛里，白色的空间充满艺术趣味。

04
营造成熟稳重感的客厅

亮点设计： 布艺拼接沙发、立式台灯等

设计主题： 客厅使用深灰色的背景墙搭配黑色地毯，营造出十分沉稳的居室效果，深红色的布艺沙发使用花纹和拼接的装饰元素，空间内容显得时尚、饱满，银灰色的台灯显得精致而轻盈。

提示 凹凸

对空间和界面进行凹凸处理，可实现一些特定的功能要求，如花架、盆栽、古董、雕塑、工艺品的摆设；采暖、通风、排水设备的隐藏；杂物的储藏，以及一些特殊效果的照明。凹凸造型既可以满足功能需要，又能丰富空间视觉效果，可达到形式和内容的完美统一。如有大玻璃窗的房间，可在窗的一边用花架或盆栽隔出一个休息会客的空间，居室顿时生机盎然，变成满目的青翠。

04

精彩细节： 反光的镜面造型顶装饰，能够在视觉上放大空间，营造出轻松、开阔的居室氛围。

简约纯净格调的客厅

亮点设计： 乳白色沙发、毛绒地毯

设计主题： 使用乳白色的沙发装点客厅，展现出温和纯净的气质，舒适的毛绒地毯装点客厅的地面，带给人十分亲切的感受。

方案 **05**

布艺沙发活跃氛围

亮点设计： 布艺沙发、窗帘等

设计主题： 带有红色圆点图案的布艺沙发在白色的纯净空间里，显现出十分活泼时尚的气质，对比之下，亮灰色的实木地板十分安静，浪漫的浅黄色飘窗装点了梦幻的居室。

方案 07 黑色反光材质装点餐厨

亮点设计： 花朵图案、反光材质的台面

设计主题： 淡雅风格的花朵图案装饰橱柜，强调空间的时尚浪漫气质，使用反光材质的台面以及精致高雅的高脚杯，点缀居室的时尚品位。

方案 08 肌理塑造空间的层次感

亮点设计： 米色地砖、墙面瓷砖等

设计主题： 纯白色的厨房，显得明亮、干净又整洁，所以人们都喜欢将厨房装点成纯净的白色空间，本案的抽油烟机、整体橱柜、餐具等均为白色，搭配米色的地板，营造出十分亲切高雅的氛围，使用瓷砖装饰墙壁，其横纹肌理使墙壁时尚而怀旧，充满质感和内涵。

方案 09 华贵风格的餐厨设计

亮点设计： 黑色橱柜、花卉、花纹壁纸等

设计主题： 黑色整体橱柜的做工精致考究，搭配浅色地砖，令空间流露出华贵经典的气质，由黑白两色组合的花纹壁纸显得十分时尚大气，花卉点缀了空间的雅致感。

方案 10
安静明亮的居室

亮点设计： 密集瓷砖、灰色大理石台面等

设计主题： 使用密集的瓷砖装饰厨房的白色墙壁，营造出居室的层次感，灰色的大理石台面与灰色的瓷砖墙相连接，显得十分典雅、简约，岛台侧面的留白处理，能够塑造出空间开阔的视觉感受。

方案 11
光塑造的层次感

亮点设计： 暖色灯饰、白色橱柜等

设计主题： 暖光灯的照射，给厨房的上层空间笼罩了一层淡雅的暖色调，与橱柜墙壁的亮白色搭配，形成厨房空间淡雅、柔和的层次感。

方案 12

黑色装饰显得经典时尚

亮点设计： 台灯、花纹床品等

设计主题： 空间使用简单的黑白两色，就营造出经典的效果，时尚的花纹床被搭配简约的布艺抱枕，黑白之间，传递居室的简约和时尚，台灯的造型和材质都很别致。

方案 13

布置温馨舒适的卧室

亮点设计： 浅杏色绸缎床品、台灯等

设计主题： 居室有意营造简单舒适的氛围，选择使用造型简约的家具和床，显现居室的时尚气质，浅杏色绸缎床品装饰温馨而华美，选择款式经典的白色台灯，衬托出居室的和谐氛围。

精彩细节： 床品和椅子的造型带给人们另类的视觉体验。

方案 **14**

营造层次丰富的空间

亮点设计： 地毯、床被、床头板等

设计主题： 卧室的背景墙采用复古风格的花纹壁纸装饰，营造出典雅的居室风格。白色的墙壁与浅驼色床被、淡绿色地毯相搭配，共同营造了空间丰富的层次，明亮的太阳光线照射进来，居室的氛围显得慵懒而惬意。

方案 **15**

卧室的简单高贵

亮点设计： 灰色毛绒床品等

设计主题： 纯净的卧室空间，床品的装扮对居室风格的塑造有重要的影响。本案卧室的装饰简单而宁静，灰色的毛绒床品使用格子渐变的设计风格，显现出高贵而时尚的特点。

方案 **16**

光感塑造空间层次

亮点设计： 黑色床头板、藏光灯等

设计主题： 灯光的处理十分巧妙特别，在黑色的床头板后设置藏光灯，营造出居室的逆光效果，简约的居室显现出另类的时尚气息。

精彩细节： 深灰色墙壁搭配巧克力色布艺床品营造了居室的时尚经典气质，在灰色背景墙的映衬下，砖红色的台灯成为空间的重要点缀，令居室显得不那么沉闷。

方案 17

成熟优雅的空间品位

亮点设计： 淡紫色飘窗、红色床品等

设计主题： 采用淡紫色纱窗装饰卧室的落地窗。营造出十分浪漫的居室气质，浅棕色卧室背景墙与黑色的床头板搭配形成了典雅的居室格调，红色的床被点缀了卧室的成熟优雅。

18

精彩细节： 红漆花雕镜框点缀了纯净的卧室空间，展现出秀美、精致的装饰细节。

方案 18

灰色点缀时尚气息

亮点设计： 金属灰色抱枕、台灯等

设计主题： 在洁白、纯净的卧室空间，布置上重金属质感的布艺抱枕，凸显出居室的时尚和层次感，造型十分精致的台灯，对称分布在床头两侧，令居室充满了秩序感。

方案 19

舒适气质的卧室

亮点设计： 布艺抱枕、多面立体装饰品等

设计主题： 居室使用大面积的白色来营造空间的高雅气质，简约的家具造型以及轻松的居室格调，使空间显得十分舒适，花纹抱枕典雅大气，多面立体装饰品显得精致、可爱。

方案 ## 20
纯净色系的空间装扮

设计亮点： 盆栽植物、浪漫飘窗等

设计主题： 在崇尚简约风格家居的时代，造型简约的家具也普遍被采用。纯色系的客厅空间里，散发出温和浪漫的舒适感，造型别致植物盆栽显得十分清新、宁静。

精彩细节： 淡雅的浅灰色床品装饰卧室，点亮了灰色空间，营造出十分静谧、舒适的居室氛围。

方案 ## 21
欧式优雅精致的居室

亮点设计： 灰色背景墙、浅咖色布艺等

设计主题： 居室的家具颜色以白色为主，造型精致优雅、色彩纯净明朗，搭配带有花纹的灰色壁纸以及浅咖色布艺床品和床帘，装点出空间经典优雅的格调。

橙黄色系在色相环中，属于亮丽的暖色系，将其用于小户型家居装饰中，往往能够营造出十分欢快时尚的居室效果，但过度使用橙黄色系，也很容易造成空间的饱胀感，令居室显得拥挤，所以装饰小户型居室更应该注重把握装饰的"度"，适当加入冷色系，可以很好地协调居室的氛围。

01

方案 01
装点浪漫的居室

亮点设计：米色水晶吊灯、复古壁纸等

设计主题：整个居室统一采用亮丽温柔的米黄色来装饰，造型优雅的水晶吊灯和餐桌椅，以及豪华复古风格的壁纸，共同装点出一个温馨精致的餐厅。

精彩细节：风格独特的装饰画在橘粉色背景装点下，显得十分文雅。

02

方案 02
营造简约亲切的居室

亮点设计： 卡其色沙发、白色窗帘等

设计主题： 客厅空间的家具造型简约别致，卡其色的沙发在原木色地板的映衬下，十分和谐亲切，白色窗帘装点出明亮舒适的居室空间。

方案 03
经典活跃的居室氛围

亮点设计： 浅咖色沙发、暖黄色背景墙等

设计主题： 暖黄色的电视背景墙，在深棕色壁柜的装点下，营造出十分时尚、活跃的居室氛围，浅咖色的沙发装点客厅，与亮黄色的背景墙相呼应，居室的气质十分温馨经典。

提示 | 大地色系装扮客厅空间

在使用中性色调的大地色系装饰空间时，为了营造出居室的丰富层次，可以适当地加入黑色、白色以及温馨效果的黄色，来点缀居室的氛围，这样可以避免居室的色彩效果过于单调。此外，软装元素如植物、花卉、灯光效果等，也可以营造出舒适和谐的空间氛围，应该结合实际的居室条件，来达到装饰的目的。

03

04
营造对比色的时尚空间

亮点设计： 深蓝色墙壁、橘色沙发等

设计主题： 深蓝色墙壁上，色彩鲜亮的花卉装饰画与之形成十分强烈的色彩对比，橘色的沙发，流露出十分时尚、欢快的居室氛围。

精彩细节： 白色的格子窗，在橙色墙壁的映衬下，显现出十分洁净、雅致的空间格调，窗台上摆放些绿色植物，会增加居室的清新气质。

05
营造温馨感的餐厨

亮点设计： 不锈钢材质、深色台面等

设计主题： 小户型居室的餐厨在布置的过程中，使用不锈钢表面的冰箱，打造出十分时尚精致的空间效果，黑色的台面，显得十分沉稳，有助于缓和空间的热烈氛围。

06

方案 06

亮黄色装点雅致卧室

亮点设计：亮黄色墙面、黑色飘窗等

设计主题：居室的墙壁采用十分亮丽的暖黄色装点，搭配白色床品和黑色的布艺窗帘，形成了空间的雅致格调，角落的灯饰显得十分有趣。

07

方案 07

时尚炫彩的居室风格

亮点设计：植物、装饰画、时尚床品等

设计主题：炫彩的布艺床品装点居室，营造出十分时尚别致的居室效果，选择亮黄色的床头柜装饰卧室，并搭配浅绿色植物，居室显得格外清新，创意画作具有十足的艺术趣味。

08

方案 08

饱满丰盛的卧室空间

亮点设计：冷色布艺抱枕、黄色实木地板等

设计主题：红色实木家具和床，装点出居室的古朴风味，搭配黄色实木地板，使居室的氛围显得温馨而热情，冷色的布艺抱枕和床饰与暖色居室形成对比，空间显得丰富而热烈。

1.3 红色系的小户型

　　红色是能够彰显居室热情和活力的色彩，可以用在客厅、卧室、厨房、卫浴等各个空间里。在小户型居室的装饰中，红色对于与之搭配的颜色要求很高，因为热情的红色与过多的色彩搭配，空间很容易显得花哨，那怎样搭配才能营造出较为满意的居室效果呢，装修者可以参考以下的搭配案例。

方案 01
华美时尚的客厅空间

亮点设计：玫瑰红色沙发、米色茶几等

设计主题：玫瑰红色是非常时尚妩媚的色彩，选择玫瑰红色的沙发，搭配米色原木茶几来装饰客厅空间，彰显出屋主的热情时尚魅力，居室的风格十分华美温馨。

精彩细节：空间选择亮丽的深红色，热情成熟不失优雅时尚。白色的墙壁、黑色的地毯与之搭配，营造出十分经典时尚的居室效果。

方案 02
现代风格居室装扮

亮点设计：红色菱格装置、灰色吊灯等

设计主题：空间的面积开阔完整，使用红色、白色组合搭配的实木菱格装置，十分具有时尚艺术的特点，灰色的吊灯造型时尚另类，显得低调而特别。

01

02

03
传统风格的客厅装扮

亮点设计： 红色背景墙、布艺沙发、墙镜等

设计主题： 本案客厅的背景墙装饰，选用优质红木板材，搭配嵌入式墙面镜装饰，体现出居室传统而时尚的装饰手法，布艺沙发十分精致。

精彩细节： 使用米色的窗纱搭配朱红色的窗帘，营造出十分梦幻温馨的氛围。

精彩细节： 桃红色沙发凳装点客厅，与背景墙形成了更加紧密的联系。

玫瑰花朵图案装饰

亮点设计： 浪漫壁纸、米色梳妆柜等

设计主题： 在布置梳妆柜的时候，选用一些浪漫花朵图案的壁纸营造居室的氛围，有时候显得十分必要，米色的梳妆桌和梳妆镜装点出温馨优雅的居室氛围。

05

方案 05

纯正的红色装点时尚居室

亮点设计： 红色地毯、沙发凳及玻璃茶几等

设计主题： 沙发的造型简约别致，使用白色与红色组合装饰，显现十分时尚靓丽的居室风格，玻璃茶几的时尚造型在红色地毯的映衬下，渲染出现代感的居室魅力。

方案 06

现代融合古典的居室风格

亮点设计： 彩色条纹床单、玫瑰红装置等

设计主题： 整个居室的墙壁使用白色来装点，营造出十分明亮的视觉空间，优良实木家具造型简约古典，搭配彩色条纹床品和玫瑰红色的装置，很好地营造了空间的古典气质。

07

方案 07
打造洞穴式浪漫居室

亮点设计： 淡蓝色吊顶、粉色吊灯、布艺床幔等

设计主题： 想要营造浪漫效果的公主房，粉色是必不可少的颜色，此外使用淡蓝色天空效果的造型顶，营造出十分自然独特的居室风格，又像是生活在浪漫的洞穴中 。

08

方案 08
布置简约风格的卧室

亮点设计： 布艺床品、玫红色背景墙等

设计主题： 本案卧室的布置主要使用黑、白、玫红三色，家具和床的造型十分简约，三色搭配出来的效果十分时尚别致，布艺拼接的床品、枚红色背景墙的装点，营造出空间强烈的视觉冲击力。

方案 09
紫红色背景墙的卧室

亮点设计： 床尾收纳几、紫红色墙面等

设计主题： 在紫红色背景墙的映衬下，挂在墙壁上的时尚组合装置，充满了趣味性，明亮的台灯成为点缀空间的重要灯饰，桃红色的布艺床榻显得十分温馨舒适。

09

1.4 蓝绿色系的小户型

很多崇尚海洋风和自然风的年轻人，喜欢将自己的家用蓝绿色系来装扮，绿色是春天、大自然的象征，让人们对生活充满希望，洋溢着生命的活力；蓝色象征着天空、大海，能使人们的心胸变得像天空、大海般辽阔、坦荡。蓝绿色系在炎炎夏日里，也是非常不错的选择，试想为居室穿上一套蓝绿色系的"外衣"，在视觉上，还能够起到消暑的作用。

01

方案 营造清新文艺感的居室

亮点设计： 浅绿色背景墙、装饰画等

设计主题： 浅绿色的背景墙装饰客厅，营造出整个居室的清新气质，靠墙设置的书和装饰画使空间充满了文艺气质。

精彩细节： 浅绿色的乳胶漆装饰的居室，充满了活力和清新感，造型简单别致的吊灯看起来十分漂亮、轻盈。

精彩细节： 使用墨绿色家具装饰空间，搭配灰色调墙壁可以增加居室的成熟时尚魅力，令空间展现出丰富的层次，高脚吧台椅，显得格外时尚。

01

方案 02
钻蓝色营造的时尚餐厅

亮点设计：钻蓝色家具、米色竖纹板材等

设计主题：居室的主题由钻蓝色来装点，经典时尚的钻蓝色搭配米色原木材质的餐厅墙壁装饰，营造出十分时尚的空间效果。

方案 03
自然清新的餐厅空间

亮点设计：浅绿色格子、时尚球形装置

设计主题：餐桌椅的造型时尚，搭配居室里具有时尚艺术气息的球形装置，令餐厅的现代气息浓厚，浅咖色实木地板装饰居室的地面，显现出十分舒适亲切的居室氛围。

精彩细节：将红色的水果、餐具穿插布置在餐厅里，与淡绿色的布艺餐椅、窗帘，形成了既对比又和谐的关系。

方案 **04**

迷你空间的创意布置

亮点设计： 白色收纳壁柜、布艺沙发等

设计主题： 在迷你的小户型住宅中，选用淡绿和紫色组合装饰的布艺沙发，展现了居室舒适自然、而不失灵巧雅致的气质。

精彩细节： 纯净的湖蓝色装饰背景墙，展现出居室的纯净海洋风格。

方案 **05**

时尚亮丽的家居效果

亮点设计： 淡绿色墙板、深棕色沙发、咖色地毯等

设计主题： 在居室面积较为宽敞的空间里，使用淡绿色墙板做空间隔断，可以打造出十分明亮清新的居室风格，深棕色皮具沙发及咖色地毯装饰，彰显出居室的独特个性。

方案 06
沉静气质的卧室空间

亮点设计： 原木色家具、浅蓝色墙壁

设计主题： 使用浅蓝色的乳胶漆装饰卧室的墙壁，营造出空间的沉静气质，温馨的原木色家具和地板在浅蓝色墙壁的对比下，显得十分温馨亲切。

方案 07
趣味儿童房装点

亮点设计： 亮黄色学习桌、黄绿色的墙壁等

设计主题： 儿童房的装饰往往采用色泽十分鲜亮的色彩，就是想让孩子能够喜欢自己的房间、更好地娱乐身心。 黄绿色的墙壁装饰，可以活跃空间的氛围、增加居室的趣味性。

方案 08
居室的时尚色彩搭配

亮点设计： 淡绿色收纳墙、蓝色造型顶、红色床品等

设计主题： 本案空间结构十分独特，使用塑料材质制作的蓝色反光、透明造型顶装点居室，显现出十分轻松的空间氛围，红色的床品搭配淡绿色收纳装置，显得时尚而华丽。

方案 09
翠绿色的卧室空间

亮点设计： 绿色墙壁

设计主题： 将卧室墙壁布置成宁静的绿色，形成居室十分和谐自然的氛围，白色的窗框与之搭配，装点出居室清新的格调。

第 **2** 章

合理安置家具布局小户型

　　家具与人的生活环境息息相关，在装饰小户型居室的时候，根据装修风格来选择适合的家具是十分必要的。为小户型居室选择家具，不宜求大，而宜求精，建议首选偏小型化的亚式家具，如中国风格、日本风格，偏重实用功能且能够降低视觉高度，令空间显得开阔。

家具是家居装饰的重要角色，对于居室装饰风格的影响也可谓是举足轻重。从专业的角度来说，应首先确定居室风格，再选择家具，传统的先装修后选家具的主张，忽视了家具与居室空间、装修风格、装修材质的协调性，往往会造成不必要的损失和麻烦。

方案 01
简约风格的灰色茶几

家具布置： 灰色茶几、电视背景墙等

设计主题： 在小户型客厅的布置中，使用电视背景墙上的创意凹槽，收纳影音设备，体现出小户型家居简约时尚的布局风格，灰色茶几与白色瓷碗营造出时尚格调居室。

方案 02
现代风格的餐厅设计

家具布置： 经典的原木餐桌、黑色餐椅等

设计主题： 小户型餐厅里的家具选用简约经典的款式。米白色原木餐桌搭配黑色餐椅，营造出十分经典时尚的居室品位。

方案 03
多层次红色装点居室

家具布置：墙面组合柜、时尚茶几等

设计主题：选择粉、黑色组合柜装饰客厅，时尚又实用，能够充分利用居室的上下层空间，造型简约小巧的茶几看起来十分精致。

精彩细节：在房间的角落处设置高雅时尚的艺术装置，衬托出居室的简约、别致。

方案 04
打造田园风格的客厅

家具布置：布艺装饰休闲椅等

设计主题：浅色的地板略带反光，搭配同色系的沙发装饰客厅，令居室显得十分和谐舒适，田园风格的休闲椅十分自然优雅，带有繁复效果的深红色地毯，流露出活泼的气质。

方案 06
田园风格的居室

家具布置： 红色实木家具等

设计主题： 居室的整体布置较为紧凑，随处可见的绿色植物增加了空间的休闲自然气质，温润的红木家具装点餐厨、客厅，令空间保留了较强的整体感，布艺抱枕令居室充满田园气息。

方案 05
溢满温馨的空间

家具布置： 米色沙发、实木墙板等

设计主题： 本案空间整体呈现出十分温馨别致的淡粉色调，简约厚实的米黄色沙发显现出十分温馨的气质，实木墙板令居室充满温润感。

精彩细节： 客厅窗帘采用金属黑、垂感好的布料，装点出居室的成熟时尚感。

方案 07
华贵复古风格的卧室

家具布置： 梳妆椅、梳妆柜等

设计主题： 卧室背景墙装饰，营造出居室成熟、大气的感觉，白色的梳妆家具，造型优雅复古，精美的透雕装饰渲染出华丽的居室氛围，在红色地板的映衬下，银白色的梳妆椅显得更加高贵、典雅。

方案 08
创意沙发装点出另类时尚

家具布置： 造型沙发椅、圆形茶几等

设计主题： 空间里的白色沙发和圆形茶几看起来十分别致，沙发使用舒适的软包装饰，带给人明净、温馨的身心享受，圆形茶几的结构简约、稳固，显得十分时尚小巧。

方案 09
华丽温馨感的居室空间

家具布置： 米黄色家具等

设计主题： 米黄色的家具装扮空间，搭配时尚的藏光灯装饰，营造出十分温馨舒适的居室氛围，时尚风格布艺地毯装饰客厅的地面，使空间更加沉稳、舒适。

方案 10
打造富丽典雅卧室风格

家具布置： 绸缎床品、床榻等

设计主题： 想要打造华贵风格的卧室，带有花纹的绸缎床品是必不可少的，使用复古气质的灰色和蓝色搭配，营造出十分成熟典雅的空间味道，灰色布艺软包装饰的床榻，造型十分优雅。

方案 11
温馨华贵气质的装扮

家具布置： 炫亮粉色床品、实木家具等

设计主题： 在开放式卧室里，优质红木茶几和床头几，造型简约、质感厚重，显现出传统的居室气质，炫亮的粉色床品散发出华贵的光泽。

提示 合理利用床头柜空间

选择带有抽屉的床头柜，可以放一些私人物品或睡前读物。床头柜上头通常会摆设台灯方便阅读，台灯的高度要高一些，否则无法达到理想的照明效果，在柜子上摆放一些绿色的植物，有助于净化空气，为居室带来自然感和新鲜氧气。

11

方案 12
经典时尚的居室风格

家具布置： 白色床品、床头柜等

设计主题： 时尚风格的白色床品，搭配居室的灰色背景墙，装点出十分独特的空间格调，浅咖色的床头柜和灯饰时尚而简约，暖色的灯光照在灰色的墙壁上，令墙壁展现出十分微妙、独特的肌理变化，富有经典怀旧的格调。

方案 13
舒适明净的开放式卧室

家具布置： 沙发等

设计主题： 在布置开放式居室时，简约时尚的白色吊顶营造出统一完整的空间感，体现出大气的设计手法，黑色和卡其色的沙发装扮居室，营造出清晰的空间层次。

 提示 **小户型选择轻盈质感的家具**

装饰小户型应选择轻盈质感的家具，比如玻璃、藤类、木质等。尤其是玻璃富于穿透性，起到扩展空间的效果。

精彩细节： 白色、玫红色相间的布艺地毯点缀了空间，令居室流露出十分活泼、甜美的气质。

2.2 根据空间面积布置家具

对空间面积相对较小的小户型居室来说，根据空间的面积选择恰当的家具十分重要，所有的空间布置首要遵循的原则就是和谐，在小空间里布置家具除了尺寸上有所要求外，颜色、材质与空间也应该有相当的匹配度，淡雅的色彩和轻盈的材质会使空间的氛围变得轻松而舒适。

方案 01
创意时尚的不规则空间

家具布置：白色电视柜等

设计主题：整个卧室空间的结构呈现出不规则的形态，三角区域选用造型简约的白色电视柜，灰色和黑色的布艺窗帘显现出十分时尚的特色，白底花纹床品显得十分新潮。

方案 02
精致时尚的床头柜

家具布置：黑色床头柜等

设计主题：居室使用纯净的白色床品搭配黑色的床头柜装饰卧室，营造出十分经典时尚的气质，落地窗结构，使居室的光线明亮通透，拉近了空间和自然的距离。

01

02

精彩细节：卧室是人们放松休息的居室，有一张宽阔的大床和一个明亮的窗户，就足以让人享受舒适和温馨。

方案 03
选择低矮结构的家具

家具布置： 米黄色家具等

设计主题： 米黄色的家具装扮空间，搭配时尚的藏光灯装饰，营造出十分温馨舒适的居室氛围，时尚风格布艺地毯装饰客厅的地面，营造出沉稳、舒适的空间。

方案 04
花纹壁纸营造浪漫居室

家具布置： 造型简约的家具等

设计主题： 在宽敞明亮的卧室里，摆放着一张大气简约的床，在花纹壁纸的映衬下，居室的氛围显得浪漫优雅，简约家具造型衬托了居室的时尚气质。

精彩细节： 温和典雅的米色和精致时尚的黑色家具，展现出时尚典雅的装饰效果。

方案 05
布艺床品吸引人的视觉

家具布置： 黑色皮质沙发椅等

设计主题： 靠窗的卧室，往往能够轻松营造出开阔的空间布局，条纹图案的时尚床品成为人的视觉焦点，黑色的皮质椅子彰显出经典大气的感觉。

方案 06
镂空墙体丰富空间层次

家具布置： 黑色桌柜等

设计主题： 房间的造型结构简单，搭配黑色的桌柜，显现出十分经典的居室气质，咖色布艺时尚地毯装饰地面，展现出空间的时尚、前卫。

精彩细节： 造型古典的床榻摆放在床尾，彰显出居室大气典雅的空间气质，亚麻色的布艺抱枕十分舒适。

07

蓝色墙壁营造经典的居室气质

家具布置：白色单人床等

设计主题：居室的海蓝色墙壁使用渐变的装饰手法，营造出十分清新的空间气质，白色木质单人床看起来十分简洁、大方，时尚图案的床品及白色吊灯造型，突出了居室的现代感。

方案 08

具有神秘感的紫色床品

家具布置：黄色实木床等

设计主题：紫色的床品营造出居室的神秘气息，自然原木肌理的床板，与深紫色的床品搭配，形成了微妙的对比变化，蓝灰色的毛绒地毯温馨而独特。

> **精彩细节：**巧克力色的布艺窗帘搭配白色的纱窗，装点出居室独特而轻盈浪漫的视觉感受。

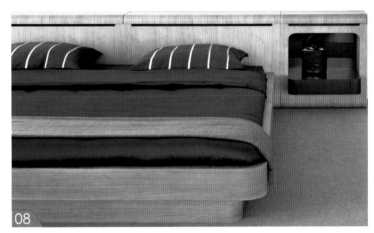

08

方案 09

空间的紧凑式布局

家具布置： 米色餐桌、白色沙发等

设计主题： 在开放式的空间布局中，餐厅与客厅的紧凑型布局，能够节省空间面积，最大限度地利用居室空间，米色原木材质的餐桌，营造出居室的温馨氛围。

精彩细节： 选择造型简约的棉质沙发，令客厅显现出十分温馨舒适的空间质感。

方案 10

墙体柜打造的雅静客厅

家具布置： 深褐色墙体柜等

设计主题： 深褐色的墙体柜装饰居室，营造出沉稳的空间格调，米黄色的沙发和布艺窗帘流露出温馨雅致的气息。

方案 11

墙面玻璃塑造光感

家具布置： 横向拉伸感的沙发等

设计主题： 沙发靠墙布置在居室里，狭小的空间里使用落地窗结构及墙面上的扇形窗户、格子窗等来塑造居室明亮的光感，展现居室独特的空间感。

方案 **12**
清新效果的卫浴空间

家具布置： 淡绿色墙壁、毛巾收纳架等

设计主题： 卫浴间的便器、浴池以及地面都是用白色装点，与淡绿色的背景墙搭配，构成了居室的清新气质，便器上方的毛巾架，发挥了重要的收纳功能。

方案 **13**
经典时尚的厨房空间

家具布置： 造型简约的整体橱柜等

设计主题： 使用黑色和白色的组合装饰的整体橱柜，造型简约、气质经典，搭配茶色的背景墙装饰，营造出居室十分鲜明的空间层次。

方案 **14**
合理利用玄关区域

家具布置： 红色整体墙面柜、横木拼接椅等

设计主题： 空间的整体较为开阔，将空间进行不同区域的功能分割，可以营造出最实用的小户型居室，利用玄关处的空间设置了横木拼接的餐椅，红色的整体墙面柜点缀了一个炫亮时尚居室空间。

2.3 家具的组合式摆放

　　家具作为居室空间的重要装饰，是改变空间布局的主体，对居室在视觉上的美观度影响极大。家具如果没有得到合理的布置，不仅在视觉上不美观，还会给人们带来生活上的种种不便。家具采用组合式摆放，将高大家具与低矮家具搭配布置，使家具大小相衬、高低相接、错落有致，营造出和谐而富有变化的居室形态，小件的家具还可以借助盆景、小摆设和墙面装饰等，来达到空间的平衡效果。

方案 01 营造时尚质朴的居室

家具布置：粗布沙发、黑色实木茶几等

设计主题：图片中的居室结构中，乳白色的墙面配上灰色的粗布沙发，可以使空间效果变得华丽大方。加上可以使整体居室变得沉稳的黑色实木茶几，使整个空间变得充实、洁净而不失传统。

精彩细节：简约的白色沙发，装点了现代居室的高雅气质。

方案 02 小型居室的巧妙布置

家具布置：白色搁架、原木电视柜

设计主题：电视背景墙后设计成楼梯通道，楼梯间里使用白色层架装饰，并收纳了大量的书籍，黄色原木材质的电视柜，与白色的背景墙和黑色电视之间形成了分明的层次，体现了小户型布局的巧妙之处。

01
02

方案 03
向下引导视觉焦点

家具布置： 横向拉伸的家具等

设计主题： 在低矮结构的空间里，用横长的原木色电视柜以及简易书桌来装饰居室，有助于横向引导人们的视线；茶色的凹槽造型顶营造出空间顶部的层次感。

方案 04
经典略带怀旧格调的居室

家具布置： 沙发、角柜等

设计主题： 时尚磨白质感的地板装饰客厅的地面，搭配居室的巧克力色和深棕色的沙发，营造出十分经典的居室气质，在自然光线的照射下，居室展现出十分独特的怀旧格调。

精彩细节： 棕色皮具软包装饰的茶几，在白色沙发的映衬下，显现出十分时尚经典的气质。

方案

05
打造趣味多彩客厅

家具布置： 实木茶几、皮质沙发等

设计主题： 在白色墙壁的装点下，黑色皮质沙发显现出十分经典的气质，黑色实木茶几的造型独特精致，布艺抱枕和茶几上的摆设，生动有趣。

方案

06
营造文雅别致的客厅

家具布置： 实木沙发、角柜等

设计主题： 在面积较小的居室里，实木沙发和茶几显现小巧简约的中式风格，搭配布艺装饰和米色的地砖，使居室有了浓厚的文雅气质。

精彩细节： 黑色实木抽屉柜装点出十分沉稳而精致的居室效果，红色实木床使用传统的设计手法，十分牢固耐用。

精彩细节：米黄色的墙壁装点居室，营造出十分温馨别致的居室气质，电视柜造型十分精致小巧。

方案 07
局部装饰吸引人的视觉

家具布置：电视柜、沙发等

设计主题：在设计小户型客厅时，简约时尚的电视柜装饰居室，有助于拉伸横向空间，背景墙上设置的摄影装饰作品，成为人们的视觉焦点。

07

精彩细节：小户型客厅的布置选用玻璃茶几与白色的沙发搭配，令居室的气质显得轻松而时尚。

方案 08

布艺地毯打造时尚清新的居室

家具布置： 黄色皮质沙发等

设计主题： 本案客厅的家具选择比较慎重，选择结构低矮的沙发和茶几，营造出空旷的空间效果，地毯以及布艺窗帘的淡雅色调，令居室充满了清新感，黄色皮质沙发在灯光照射下，散发出温润的质感。

精彩细节： 选择暗红色布艺抱枕，与豆沙色的沙发相称，布艺的沙发，令居室温馨舒适，时尚的圆圈图案，活跃了居室的氛围。

方案 09

恬静复古的居室格调

家具布置： 休闲椅、茶几等

设计主题： 房间设置多处窗户，空间显得明亮通透，造型优雅的休闲椅以及棉质布艺沙发在明亮的光线下，散发出十分温馨的气质，搭配实木结构的茶几，装点出精致的居室效果。

方案

10
家居摆设注重空间和谐性

家具布置：实木餐桌椅等家具

设计主题：家具在空间里的摆放带给人非常舒适的视觉感受，餐桌椅、边柜、陈列柜的风格一致，咖啡色软包装饰餐椅，搭配深咖色的地毯，显得十分经典。

方案

11
简约现代的餐厅风格

家具布置：实木柜子、餐桌椅等

设计主题：在居室相对开阔的空间里，家具的布局上可以展现出随性的风格，红色实木柜子以及阳台走廊处的休闲沙发都突出了简约实用的特点，餐桌椅造型简约流畅。

方案

12
深色家具组合布局空间

家具布置：深色实木餐桌椅、镶框镜子等

设计主题：整体餐厅的布置融合了时尚与古典，淡粉色墙壁上装饰水果图案镶框的镜子，再搭配时尚风格的边柜，居室显得精致有趣，中央摆设古典造型的实木餐桌椅，朴拙大气。

13
打造清新活泼的居室

家具布置： 黄色实木餐桌椅等

设计主题： 餐厅靠窗布局，充足的阳光令就餐的氛围变得十分愉悦，选择黄色实木餐桌和特色编织的餐椅靠背，使得居室的氛围显得十分温馨、活泼。

14
布置休闲格调的餐厨

家具布置： 整体橱柜、咖色餐椅等

设计主题： 餐厅整体氛围显得十分休闲雅致，黑色实木餐桌椅经典牢固，搭配卡其色桌布和咖色软包餐椅，彰显出居室的都市休闲气质。

精彩细节： 在裸露的墙砖上，使用立体装饰画来点缀，营造出十分文艺的空间气质。

方案 15

注重居室的舒适度

家具布置： 白色床头柜等

设计主题： 使用舒适的棉质床品装点居室，营造出十分温馨亲切的空间质感，床头板使用自然的亚麻色布艺软包装饰，营造出十分独特的居室效果，白色的床头柜精致小巧，搭配台灯显现出时尚的装饰效果。

15

16

方案 16

简约清新风格的卧室

家具布置： 简易书桌等

设计主题： 在小户型卧室里，设置在墙边的简易书桌显得十分精巧，浪漫风格的壁纸装点出十分温馨独特的居室效果，玻璃门隔离的小浴室展现出设计师非常灵活的设计和构思。

方案 17

分割的居室功能区

家具布置： 灰色睡床等

设计主题： 在面积开阔的卧室里，设置了简易的洗浴空间，造型简约的白色洗手台，散发出淡淡的温馨味道，床的体积宽厚，白色的棉质床品看起来十分温馨舒适。

17

18

方案 18

自然植物填充卧室

家具布置： 复古造型的床头柜等

设计主题： 本案床头柜的造型富有复古特色，原木材质的柜子上，摆上绿色植物，显得饱满而清新，布艺床品装点出成熟的空间品位。

将浪漫融进卧室

家具布置： 床头柜等

设计主题： 使用白色花雕做居室的背景墙装饰，展现出十分浪漫的居室氛围，白色的床头柜做工精致，气质高雅，蓝紫色的绸缎床品看起来十分华贵。

方案 **20**

营造华丽时尚的卧室

家具布置： 实木床板等

设计主题： 使用紫灰色的乳胶漆装饰卧室的墙壁，显得十分时尚，墙面的方形凹槽避免了沉闷的居室氛围，亮丽的红色床品搭配黄色实木床显得十分华丽温馨。

精彩细节： 深红色的多层抽屉柜具有大容量的收纳功效，金属拉手装饰展现出华贵的质感。

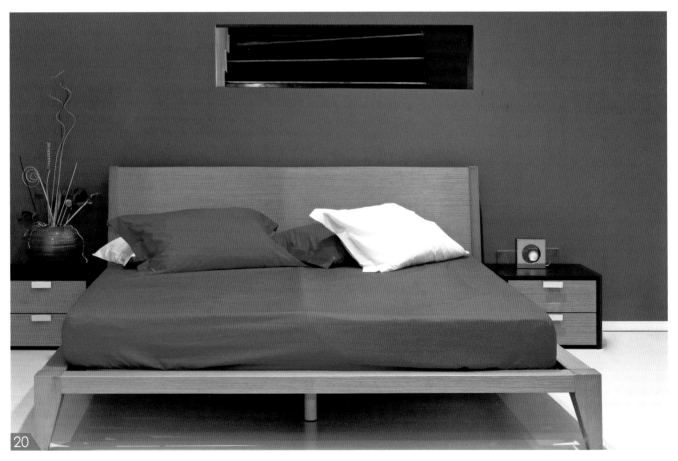

家具的随意性摆放

家具的随意性摆放，是指在使用家具布置空间时，跳出既定规则和风格的制约与束缚，打造出现代人最适合、最舒适的居住场所，也能体现出居住者洒脱、自由、舒适的生活状态。在现代居室设计中，随意性的家具摆设，接近生活的本源，少了一分浮躁，多了一分清静和自由，非常适合现代人居住。

方案 01 时尚床头板装饰

家具布置： 黑色床头板等

设计主题： 将楼梯设置在开放式的空间里，使用黑色烤漆制作的床头板搭配白色的背景，营造出经典时尚的气息，白色的棉质床品看起来十分舒适。

精彩细节： 在灰色地板装点的空间里，浅紫色的墙面装饰，打破了居室的沉闷，为卧室带来了轻盈灵动感。

方案 02 营造舒适明净的卧室

家具布置： 白色休闲椅、电视柜台等

设计主题： 在以白色为主调、开阔的卧室空间里，深棕色木质柜台以及白色的休闲椅，体现出居室大气、休闲的格调，整体氛围明净、舒适。

01

02

时尚艺术的卧室

家具布置： 多层抽屉柜等

设计主题： 卧室的灯光设计充满了特色，温和的光线装点出宁静温馨气质的居室，抽象艺术画旁边放置的米白色抽屉柜显得十分雅致，时尚风格的布艺地毯显得十分文雅。

方案 04

打造居室时尚随性的气质

家具布置： 实木床头柜、睡床等

设计主题： 靠窗的卧室里，裸露的橘红色墙砖搭配白色的窗框，富有格调感，灰色磨白的墙体及墙砖，展现随性的空间格调，橘色床品及实木吊顶凸显出时尚气质。

精彩细节： 精致小巧的花盆中，雅致唯美的小朵花卉展现了居室的细腻格调。

打造温馨梳妆环境

家具布置：软包休闲椅、梳妆桌等

设计主题：光线透过白色窗帘显现出十分梦幻的气质，搭配米色的地毯和粉色墙壁，营造出十分浪漫温馨的居室氛围，软包装饰的椅子悠闲舒适，梳妆桌和镜子造型时尚而优雅。

方案 05

黑色家具营造经典家居

家具布置：黑色睡床、床头板等

设计主题：天然岩石肌理的墙饰，体现居室随性而自然的一面，黑色实木家具搭配居室的白色墙壁和床品，营造出具有经典气质的卧室。

方案 07

床饰打造清新雅致的卧室

家具布置：实木床头柜、米白色床品等

设计主题：在亚麻色地毯的装点下，实木床头柜装饰出质朴自然的居室气质，淡蓝色的床饰搭配米白色的床品，显现出十分清新雅致的居室气质。

方案 08

将温润感渗入居室

家具布置：木质背景墙、原木睡床等

设计主题：现代人喜欢追逐居室的自然感，黄色实木历阳光雨露的润泽，能够轻松营造温润、舒适的居室氛围，床头板背景墙搭配睡床带给人强烈的舒适自然感。

方案

09 营造活跃的居室氛围

家具布置： 红色的地毯、橘色的书柜等

设计主题： 火红的地毯搭配上同为暖色调的橘色书柜，同时用白色的地板和墙壁过渡整体空间色调，使视觉明朗而清晰。运用多色调结合的手法给空间带来活泼、热情的感觉。

方案

10 餐厅里的古朴边桌

家具布置： 时尚餐椅、古朴的边桌等

设计主题： 时尚温馨的珊瑚色地毯装饰餐厅的地面，搭配造型结构十分简约的原木餐椅，餐厅的氛围十分亲切舒适，古朴简约的实木边桌显得十分温润。

精彩细节： 沙发椅的造型结构是根据人体生理结构精工制作的，优质的皮具和随意的沙发组合体现出居室的另类格调，屋主独具慧眼地选择了既舒适又时尚的款式。

方案

11
时尚编织物装点的居室

家具布置：时尚编织物、古典茶几等

设计主题：黄绢色的地毯装饰客厅的地面，营造出居室十分古典文雅的气质，时尚的彩色编织物随性地摆放在沙发旁，令居室充满个性。

方案

12
打造静谧和谐居室

家具布置：实木餐桌椅等

设计主题：居室的地板使用红色实木装点，搭配时尚经典的舒适餐椅，显现出十分独特的居室气质，灰色墙壁看起来十分静谧，传统工艺的瓷碗十分精美。

方案

13
摇椅展现悠闲气质

家具布置：实木摇椅、原木边柜等

设计主题：在居室靠窗的位置，摆放一把实木结构的摇椅，明亮的光线透过纱窗射下来，展现出居室安静悠闲的气氛。

14

方案 14
自由组合的家具

家具布置： 混合材质茶几、纯木小桌等

设计主题： 房间的落地窗为客厅迎进了充足的光照，彩色布艺地毯装饰客厅显现出活泼的居室特色，纯木小桌、休闲椅和沙发的自由组合，营造了舒适的居室氛围。

 提示 植物对抗装修染污

　　常青的观叶植物以及绿色开花植物可以消除建筑物内部好几种有毒的化学物质。其中：吊兰、扶郎花（又名非洲菊）、金绿萝、无花观赏桦、芦荟、蓬莱蕉和紫露草等绿色植物主要吸收甲醛。耳蕨、常春藤、铁树、菊花能分解两种有害物质，即存在于地毯、绝缘材料和胶合板中的甲醛以及隐匿于壁纸中对肾脏有害的二甲苯。龙血树（巴西铁类）、雏菊、万年青等可清除三氯乙烯。

方案 15
亮面布艺沙发

家具布置： 亮面布艺沙发、简约的茶几等

设计主题： 圆形钢制茶几与居室的黑色地板、灰色墙面构成了微妙的层次变化，黑色亮面布艺沙发，点缀出居室的时尚气质，肉色的皮质沙发椅看起来十分温馨别致。

15

第3章

完美设计收纳整理小户型

随着家居生活品位的提高，小户型住宅也备受现代人的青睐，通过合理的装饰，小户型居室也能变身为舒适港湾。由于受到面积的制约，小户型居室里，各种各样的生活物品都需要进行完美收纳，给它们一个“安身”之地，否则居室的空间形象将会大打折扣，显得非常拥堵。

3.1 家具的隐蔽性收纳

　　卧室中的家具主要包括睡床、床头柜、衣柜，小户型居室的卧室空间有时候还会容纳梳妆柜、沙发等家具。这些家具一般都是人们生活的必需品，尤其是在寸土寸金的小户型居室中，每一件家具的选择和摆放都要经过主人的深思熟虑，既要充分、合理地利用室内空间，又要打造出一种温馨、舒适的生活环境。那么，如何布置家具才能得到最佳的效果呢？本节将为您详细介绍。

方案 01
突出实用功能的布置

收纳布置： 木质多功能衣橱等

设计主题： 在小户型居室里，选择材质轻盈环保、功能强大的衣橱可以将鞋子、衣服、床品等纳入，达到空间最大化利用。

方案 02
打造实用的梳妆间

收纳布置： 白色格子架等

设计主题： 本案的梳妆间是单独隔离出来的一个小空间，将白色的格子衣橱设置在靠墙一侧，使用金属镶嵌的梳妆镜显得十分优雅华贵。

精彩细节： 留出专用收纳衬衣的空间，悬挂起来的衬衣不仅防皱，还十分方便寻找。

01

02

提示 │ 使用隐形收纳营造整洁的厨房

　　厨房是整个居室里最容易乱的空间，餐具、炊具、调料、蔬菜、米面等都需要一个存放的空间，隐形收纳可以令居室显得整洁。

方案 03
现代简约气质的居室

收纳布置：嵌入式抽屉柜、壁柜等

设计主题：充分利用墙面空间摆设小巧的家具，体现了小户型居室的装饰特色，咖灰色的花纹壁纸作背景墙，使空间有种后退感，造型简约的柜子和壁柜对空间进行了恰当的分割，显得很舒适。

方案 04
玻璃衣橱的隐蔽性收纳

收纳布置：雾化玻璃衣橱等

设计主题：在简约明净的居室里，选择多层空间的封闭式衣柜，可以实现人们日常的多功能收纳，避免灰尘的侵入，使用雾化玻璃装饰的柜门，让小户型的居室在视觉上显得更加轻盈、开阔。

提示 小住宅应发挥空间的有效利用率

本案用简单的咖啡色、白色营造出具有现代素朴感，将精巧的家具嵌入墙面里，体现出小住宅的创意布局，这样的布局充分发挥了空间的有效利用率，小巧而精致。

05

方案 06
白色藤编的收纳装置

收纳布置： 米白色编织抽屉柜、床头柜等

设计主题： 整个居室的氛围显得十分明净浪漫，温馨的米白色抽屉柜显现出十分轻盈的气质，多层抽屉具有大容量收纳的功能，床头柜上的抽屉也能收纳一些生活用品。

方案 05
不容忽视的床体收纳

收纳布置： 玻璃橱柜、大床等

设计主题： 白色花纹的绸缎床品装饰与米色的床头板之间形成了微妙的变化，深色的木质地板衬托出居室的高雅气质，玻璃橱柜收纳了很多陈列品，床体本身也可提供大容量的收纳空间。

> **精彩细节：** 墙面柜做电视背景墙，电视的嵌入式装置下方设计了多层的隐形抽屉，可以提供大容量的收纳空间。

06

07

方案 07
舒适自然的卧室布置

收纳布置： 黄色多层抽屉柜、收纳床等

设计主题： 卧室里常常需要较大容量的收纳空间，所以在家具选择上，小户型的居室应该侧重实用性，选用简约实用的多层抽屉柜和收纳床，轻松打造舒适的小卧室。

精彩细节： 使用茶色的乳胶漆装饰墙壁，为开阔的卧室营造了沉稳、雅致的居室氛围，茶色有很强的协调性，拉近了居室与自然的联系。

方案 08
打造舒适明净的卧室

收纳布置： 简易柜子、凹槽等

设计主题： 为小户型居室选择家具，应该遵循简洁的原则，白色的开放式收纳柜以及低矮结构的床，装点出开阔明亮的居室空间，床头背景墙上的凹槽设计，令居室清新而富有层次感。

精彩细节： 在灰色调营造的典雅卧室里，选择了白色的开放式衣橱来收纳衣物，与卧室里其他的家具形成色彩上的差别，为卧室带来高雅明快感。

方案 09
充满趣味的精致空间

收纳布置： 白色收纳柜等

设计主题： 白色的收纳柜装饰居室空间，呈现出简洁实用、精致小巧的特点，搭配居室的淡紫色沙发椅，居室氛围轻盈而舒适。

精彩细节： 黑色实木结构的多层抽屉柜，为人们提供了大容量的收纳空间，搭配绿色植物，使深色家具装饰的空间显现出十足的清新和活力。

方案 10
营造舒适恬静的居室

收纳布置： 深色抽屉柜等

设计主题： 居室的墙壁上布置了具有自然艺术风格的装饰物，选择深棕色实木抽屉柜来装点，搭配绿色的植物，居室的氛围显得特别恬淡宁静，镜面装饰使居室变得更加通透。

方案 11
时尚造型顶装饰的客厅

收纳布置：组合电视柜、布艺窗帘等

设计主题：本案空间的顶棚设计富有现代气息，家具的选择上，根据房间的结构，选择造型简约的组合式柜子，黑色液晶电视与之形成了时尚经典的对比，布艺窗帘点缀了居室的浪漫温馨氛围。

方案 12
营造雅致明净的居室

收纳布置：玻璃壁柜、白色边柜等

设计主题：墙壁使用浪漫花朵图案的壁纸来装点，营造出十分轻盈雅致的居室效果，选择白色的边柜以及玻璃壁柜，为居室提供了实用便捷的收纳功能。

方案 13
营造亲切感的居室

收纳布置：黑色实木橱柜等

设计主题：房间的结构高阔，靠墙放置的黑色橱柜与居室的白色调对比鲜明，白色的沙发装点了一个明净亲切的居室。

玻璃橱柜的实用性收纳

收纳布置： 玻璃橱柜等

设计主题： 统一使用白色装饰餐厅空间，圆形餐桌看起来十分整洁，布艺吊灯显得十分特别，玻璃橱柜具有储藏收纳、展示陈列等多种实用功能，透明的玻璃门带来轻松、舒适的空间质感。

方案 15

布置典雅格调餐厅

收纳布置： 玻璃橱柜等

设计主题： 本案居室使用咖灰色调来装饰，营造出居室典雅、成熟的居室氛围，低调的深咖色餐椅有紧缩感，有助于在视觉上放大居室空间。选用玻璃门橱柜装饰餐厅，实用便捷、时尚轻便。

方案 16

多重收纳装置的空间

收纳布置： 开放式层架、透明玻璃橱柜等

设计主题： 实用的编织藤椅装扮餐厅，营造出十分舒适的田园气息，带给人们舒适的空间享受，多层搁架和透明玻璃橱柜作收纳，并使用植物花卉装点居室，营造出十分甜美浪漫的居室气质，让人们倍感温馨独特。

方案 **17**
打造精致的生活空间

收纳布置：深色橱柜等

设计主题：本案空间使用紫灰色装点居室的墙壁，营造出居室的稳重感，深色实木橱柜与之对比，衬托出居室开阔的视觉感，白色的餐椅造型简约别致，流露出高雅的气质，靠近窗户设置的绿色盆栽，点缀了居室的自然气息。

方案 **18**
将自然感渗透居室

收纳布置：原木餐桌椅、橱柜等

设计主题：从自然环保的角度出发，装扮居室时，选用天然原木材质的家具十分有益，屋主偏爱绿色的瓷质餐具和原木材质的家具，搭配绿色植物装点出一个充满自然感的居室空间。

精彩细节：餐椅的高度设计与餐桌的高度很协调，舒适的皮具软包装饰餐椅，具有很强的保温保暖性。

大容量的卫浴柜

收纳布置： 白色卫浴柜等

设计主题： 卫浴空间使用壁纸装点出充满时尚艺术风格特点的空间氛围，洗手池下方设置的大型卫浴柜创造出居室大容量收纳空间，简约考究的白色柜体充满了设计感。

方案 20
分类抽屉好收纳

收纳布置： 浅色木质抽屉柜

设计主题： 在布置厨房空间时，选择淡雅色调的整体橱柜，使厨房散发出十分柔和舒适的气质，厨房的物品很多，分类收纳可以避免杂乱。

19

20

方案 21
高雅时尚气质的餐厨

收纳布置： 组合式橱柜等

设计主题： 在小户型餐厨空间里，选择风格不同的红色贴面橱柜和白色橱柜组合搭配，红色橱柜则成为空间的视觉重点，柜体具有大容量的收纳空间。

21

3.2 搁架的装饰性收纳

在家具收纳整理中，集装饰性和实用性为一体的搁架，在生活中的运用还是比较广泛的，搁架收纳设计可以运用在客厅、餐厅、厨房、书房、卧室等各个居室空间里，有时候是作为家具的部分出现，有时候则单独用来装饰空间，无论是怎样的形式，搁架高度的实用性和灵活性，备受人们的喜爱。

方案 01 陈列功能的搁架设置

收纳布置： 立式搁架、书桌等

设计主题： 本案居室使用格子书架收纳和陈列物品，装点了一个充满文艺气质的空间，时尚休闲的编织藤椅混合不锈钢材质，令居室充满休闲格调。

精彩细节： 居室使用集多种收纳形式为一体的整体收纳装置，充分考虑到人们的收纳需求，既有开放式的多层隔板、又有封闭式的多层抽屉。

方案 02 白色墙边柜提供实用收纳

收纳布置： 白色低矮的边柜

设计主题： 将低矮结构的白色边柜设置在墙根处，与白色的沙发协调一致，放置一些烛台、花卉、水果盘儿等，为人们的生活提供直接便利的收纳功能。

01

02

收纳布置： 白色搁架等

设计主题： 从物品陈列的角度考虑，选择不同规格的格子架，可以收纳多种物品，在较低的格子摆放相框、木质收纳盒、水晶球等小物品，花瓶、工艺品则放在较大的格子里。

方案 **04**
搁架充当沙发的背景墙

收纳布置： 时尚风格的搁架等

设计主题： 居室的整体布置明净优雅，艺术感浓烈的油画装饰客厅，营造出十分文艺的居室品位，使用原木材质的时尚搁架充当沙发的背景墙，为客厅提供了使用便捷的收纳装备。

精彩细节： 黄色原木材质的格子架设置在墙壁的一角，着重突出了居室注重实用的特点，收纳架质感温和、亲切。

方案 05
小格子收纳架体现灵活性

收纳布置： 透明茶几、白色收纳架等

设计主题： 时尚现代风格的收纳搁架，充分体现了灵活性的特点，格子的大小、高低排列参差不齐，统一的白色格子令凌乱的搁架显现出十分高雅的文艺气息，透明材质的玻璃茶几上摆放的黑色瓷瓶十分精致。

方案 06
整体书架收纳

收纳布置： 黑色大书架等

设计主题： 花纹壁纸装饰的客厅显现出十分温馨典雅的气质，黑色实木的整体收纳柜收纳的书籍，搭配茶色背景墙，令空间流露出十分强烈的古朴文雅气质。

精彩细节： 电视柜作为一个整体感很强的收纳装置，书籍、影音设备、相框等都可以纳入其中，且不显凌乱，为居室提供了完整、多功能的收纳空间。

方案 07
时尚文艺风格的居室

收纳布置： 艺术风格的收纳架等

设计主题： 时尚风格的组合装饰画和时尚布艺沙发营造出居室的文艺气息，造型简约别致的搁架设计融合中式古典家具的精髓，收纳的各类物品丰富多彩而不显得杂乱。

08

方案 08
协调感强烈的居室

收纳布置： 浅咖色实木方桌、搁架等

设计主题： 居室的沙发靠窗布局，展现出十分成熟的空间味道，造型简约的浅咖色实木方桌和搁架装点居室，营造出十分古朴空间感。

方案 09
现代风格搁架装点居室

收纳布置： 不锈钢材质搁架等

设计主题： 空间的家具布置突出了简约实用的特点。非常符合现代的小户型居室装扮，不锈钢材质的搁架收纳了大量的书籍及影音设备，突出了实用性的功能。

方案 10
儿童房里的彩色格子架

收纳布置： 彩色内饰的格子架等

设计主题： 带有白色圆形图案的淡绿色地毯，充满了童趣，十分符合儿童房的装饰风格，带有彩色内饰的格子架可以为儿童提供贴切实用的收纳空间。

精彩细节： 黑色的实木搁架作为居室的重要收纳装置，展现出居室时尚经典的空间气质。

方案 11

淡绿色背景墙装饰

灯具布置： 黑色书架、布艺沙发

设计主题： 浪漫甜美的布艺沙发装饰，使客厅流露出十分田园的居室气质，黑色实木书架搭配淡绿色的背景墙，装点出具有清新感的居室空间。

方案 12

古典风味的搁架装饰

收纳布置： 黄色实木搁架等

设计主题： 红色布艺地毯装饰居室的地面，搭配黄色实木搁架，显现出中式古典风味，造型简约的桌几，质感温润、厚实，可以摆放玻璃杯、红酒、台灯等。

方案 13

时尚空间里的白色格架

收纳布置： 白色格架等

设计主题： 淡紫色的沙发搭配质感突出的灰色布艺地毯和简约造型的不锈钢茶几，令居室展现出十分浓厚的时尚气质，白色的格架作为客厅的重要收纳装置，具有多重功能。

方案 14
多种形式的收纳装备

收纳布置： 实木收纳架、白色收纳盒、藤制收纳筐等

设计主题： 蓝绿色的沙发搭配布艺抱枕，大气时尚，实木薄板的搁架上摆放着多种形式的收纳装备，有白色的收纳盒和藤制的收纳筐等。

方案 15
古韵风尚的多层隔板收纳

收纳布置： 深棕色实木多层收纳架等

设计主题： 屋主的收藏品有书籍、瓷器、装饰画等，多种不同的收藏品考验了设计师，如何让它们同在一个空间中展示。使用多层搁板来收纳不同种类的收藏品，让艺术品和空间氛围更加融合，营造出十分恬静古典的风格。

方案 16
文艺格调的实木收纳搁架

收纳布置： 白色陶瓷工艺品、蜡烛、玻璃杯等

设计主题： 对于喜欢收藏有趣的生活用品和工艺品的屋主来说，有一个可以欣赏收藏品、融入收藏品的大型实木搁架，是最让人有幸福感的，实用组合实木搁架收纳白色陶瓷品、蜡烛、玻璃杯等，展现出十分文艺的居室格调。

借助餐厅墙面设置搁架

收纳布置： 白色收纳架等

设计主题： 实木长形方桌搭配软包装饰的椅子，点缀了居室的恬静气质，白色收纳架布局在空间的一侧墙壁，丝毫不会影响到居室的整体感，还为人们营造了一个安静的阅读环境。

方案 18
塑造精致的空间品位

收纳布置： 餐厅收纳架等

设计主题： 在独立的餐厅空间里，黑色实木材质的餐桌椅，做工精致考究，光洁亮丽的桌面上放置的透明玻璃杯展现出主人精致的生活品位，薄板搁架显得纤细、轻盈。

精彩细节： 具有跳跃性的黄色茶几，搭配蓝色皮具软包装饰的沙发，呈现出时尚的异域风情，黄色实木地板装饰居室的地面，令居室展现出温润的气质。

方案 19

墙面隔板的大容量收纳

收纳布置：墙面搁板、悬挂衣物架等

设计主题：将隔板设置在白色的墙壁上做衣物收纳区，多层隔板的设计具有大容量的收纳空间，为了避免衣物的褶皱，还组合了悬挂衣物架，存放需要悬挂放置的衣物。

方案 20

一举多用的搁架设计

收纳布置：白色折角搁架等

设计主题：白色的搁架使用折角设计手法，令空间展现了十分独特的收纳效果，既可以充当卧室的隔墙，又也能够为空间提供大容量的收纳陈列，可谓是一举多用。

方案 21

灯饰装点收纳搁架

收纳布置：墙面收纳架、床头柜等

设计主题：卧室的设计风格属于半开放式的，在靠近窗户的一端和墙壁的上方空间，设置了格子柜及封闭性收纳柜，作为陈列和收纳物品的重要收纳区域，床头设置的原木床头柜可以放一些生活用品，便捷实用。

3.3 墙壁的空间性收纳

在小户型中，充分利用墙面空间可以为居室开辟更多的收纳功能，大到整体墙面柜、墙面隔板、壁板等收纳装置，营造出整体感强烈的收纳空间，小到挂钩、粘钩、五金架等，让居室里各种各样的纷乱杂物无处潜逃，从而营造出十分整洁有序的居室环境。

方案 01 原木壁板收纳厨房用品

设计主题：靠窗布局厨房的小户型居室里，白色的墙面装饰令居室显得十分明亮，固定的墙面搁架可以实现大容量的收纳，将玻璃制品、调料、红酒等放置在搁架上，使上层墙面空间得到合理的利用。

精彩细节：在小户型餐厨空间里，在墙面设置壁板收纳，将厨房的上层空间加以合理的利用，可将茶杯、碟子、植物盆栽等琐碎物品放置在上面，作为居室的点缀。

方案 02 创意原木组合收纳

收纳布置：原木墙柜、壁板等

设计主题：本案采用原木材质的壁板和壁柜，在黄色的背景墙的映衬下，原木散发出十分温馨质朴的气息，工艺品的放置，赋予了原木收纳装置强烈的装饰意义。

03

03
电视柜背景墙收纳

收纳布置：整体墙面柜、墙面壁板等

设计主题：组合结构的电视柜作为墙面的重要收纳装置，为居室提供了多种形式的大容量收纳空间，有隐蔽性的柜体收纳，还有开放性的墙面隔板收纳，为人们提供最直接的便利。

04

方案 04
厨台上方的壁板收纳

收纳布置：实木壁板等

设计主题：壁板收纳与厨房的整体橱柜的装饰风格保持一致，使用栗色实木结构的多层壁板营造出墙面收纳的完整性和统一性，可以帮助收纳日常厨房用品，如调料、水杯、餐具等。

05

方案 05
白色文具收纳架

收纳布置：白色文具收纳架等

设计主题：小户型居室的书房墙面上布置的白色文具收纳架，可以充分地收纳各类文具用品，如纸、笔、尺子、剪刀、明信片等。

06

方案 06
时尚创意书架收纳

收纳布置： 创意造型书架等

设计主题： 在时尚气质浓厚的客厅空间里，将造型简约独特的创意书架设置在灰色的背景墙上，更加衬托出居室超凡脱俗的居室气质。

07

方案 07
咖色实木壁板收纳

收纳布置： 咖色实木墙板等

设计主题： 在小户型居室的白色墙壁上，搭配设置咖色实木壁板装点空间，不但可以放置一些工艺品，提升居室的品位，还能衬托居室的经典时尚气质。

精彩细节： 搭配电视柜的风格，充分利用墙面的上层空间实现完美收纳。

整体电视墙的大容量收纳

收纳布置： 格子架、隐蔽性收纳柜等

设计主题： 灰色的墙面布置搭配白色的整体电视墙收纳装置，可以为居室提供大容量的收纳空间，实木结构的格子架可以摆放一些相框、书籍、工艺品等，搭配白色的隐形收纳柜，满足人们日常的收纳需要。

方案 09

时尚风格的玻璃搁架

收纳布置： 玫红色玻璃收纳架等

设计主题： 本案的整体墙面使用玻璃材质的收纳装置，在玫红色背景的映衬下，收纳装置充满了时尚灵动的气质，搁架从下往上摆放着书籍、相框、瓷器、工艺品等，整体感十分强烈。

方案 10

简约的壁板收纳

收纳布置： 简约的壁板收纳等

设计主题： 深咖色的电视柜背景墙，与白色的透明纱窗，形成了两种截然不同的气质和风格，沉稳经典与轻盈缥缈在同一空间里相碰撞，原木壁板装饰显得十分经典简约。

方案 11
三角形收纳板

收纳布置: 对称分布的三角形收纳墙板等

设计主题: 卧室的布局风格简单、宁静,使用集美观装饰和简便实用为一体的黑色三角形收纳板,在卧室的墙角开发出一个充满趣味和创意的收纳区。

方案 12
床头背景墙的收纳装备

收纳布置: 整体背景墙收纳等

设计主题: 小户型卧室里借助卧室背景墙上的墙面镜,可以起到放大空间的作用,深棕色的实木结构看起来十分厚实、牢固,在两侧的封闭式收纳柜中,可以存放卧室的各种用品。

> **精彩细节:** 卧室的背景墙上使用对称布局的艺术壁龛可收纳花卉、工艺品、雕塑等,提升居室的艺术品位。

3.4 其他空间的完美收纳

收纳，遍布小户型居室的每个角落，收纳的类型也是多种多样的，无论是墙面收纳，还是家具和搁架的收纳，都是配合整体空间效果来布局实施的。人们在日常生活中，结合生活中的实际需要，布置收纳装置，才能实现空间的完美布置，才能够满足居住在小户型住宅的人们追求高品质家居生活的心理需要。

方案 01
开放衣橱、灰色收纳盒

收纳布置： 衣橱、收纳盒等

设计主题： 环绕居室的一周设置了白色的整体衣橱，白色的柜子显得整洁干净，放置在墙面上的灰色收纳盒，形成了十分特别的居室格调。也为人们的衣物整理收纳提供了便利。

精彩细节： 靠窗布局的小方桌上摆放着两盆生长茂盛的植物，带给空间清新的气息，藤制编织筐具有自然格调。

方案 02
原木色床头板收纳

收纳布置： 床头收纳等

设计主题： 在原木色的板材与黑色软包装饰的床头板之间，形成了简约时尚的对比，使用自然原木板收纳台灯、闹钟等，反映了居室注重简单实用的特点。

01

02

第 4 章

精巧安置灯具装扮小户型

想要精巧地使用灯饰来装扮自己的小户型，需要详细地了解适合小户型的大部分灯具类型和摆放方法。灯具的摆放很有学问，摆设过多会显得拥挤，过少会显得寒酸，还会影响照明效果。因此本章就将全面详细地讲述小户型灯具装饰的选择。

无论是在小户型居室，还是在宽敞的住宅里，吊灯是每个家庭进行装修时都必不可少的元素。因为吊灯的选择和布置，不仅仅给居室带来照明效果的变化和影响，对居室的装饰风格以及空间氛围的营造，都有重要的影响，所以人们应该结合装饰风格，在装修中进行把握和度量。

方案 01
组合装置的灯饰

适用灯具： 时尚组合灯饰等

设计主题： 餐厅的布置简单宁静，使用时尚插花装饰居室的角落，点缀了雅致的空间，灯泡错落有致地组合构成了时尚艺术感的吊灯。

精彩细节： 吊灯的造型简约时尚，方形吊灯上镶嵌着暖黄色的灯饰，营造出十分温暖华丽的视觉效果，与电视机后面的红色背景墙形成呼应关系。

方案 02
烛台吊灯装点居室

适用灯具： 烛台吊灯等

设计主题： 使用土黄色装饰墙壁，整个居室的氛围沉静、大气，造型简约的铁艺烛台吊灯装点空间，使居室具有温馨感，而且与白色壁炉上面摆放的烛台相呼应。

01

02

方案 03
白色珍珠吊灯

适用灯具： 珍珠形状的吊灯等

设计主题： 整个空间里，统一使用米黄色装饰墙壁，营造一种文雅、安静的空间环境，造型大气简约的实木休闲椅和桌几上方，布置了一盏白色椭圆状灯饰，宛如一颗明亮的珍珠。

方案 04
自由风格的吊灯装饰

适用灯具： 多种形状的吊灯

设计主题： 结合居室自由多变的布置特点，在选择灯饰时，可以分区域布置不同形状和外观的灯饰，显得十分时尚。

方案 05
烛台吊灯装饰

适用灯具： 欧式烛台吊灯等

设计主题： 布置在客厅中央的是具有明显欧式复古风格的水晶烛台吊灯，可以看出屋主精致考究的生活品位，红色布艺格子沙发，甜美而自然。

精彩细节： 结合中式家居布置的特色，选择了一组十分精致古典的吊灯装饰客厅，点缀出居室温馨文雅的空间气质。

方案 06
灯饰与餐桌椅色彩相呼应

适用灯具： 欧式豪华吊灯等

设计主题： 在为小户型住宅选择灯饰时，除了在装饰风格上，灯饰要与空间相统一，灯饰的色彩也会影响到居室的空间氛围，使用深红色灯罩的欧式吊灯装点餐厅，与红色餐桌椅相搭配，营造出华贵古典风情的空间。

方案 07
扁形吊灯减轻重量感

适用灯具： 圆面组合吊灯等

设计主题： 根据餐厅布置的时尚风格，采用圆面形组合吊灯装饰餐厅，减轻居室的重量感，且不乏时尚气质。

方案 08
不规则水晶吊灯

适用灯具： 时尚水晶吊灯

设计主题： 在给餐厅选择吊灯时，特地选用了由不规则形状的水晶制作的时尚吊灯，着重衬托居室的现代自然感。

09

方案 **09**
大气典雅的白色吊灯

适用灯具： 白色吊灯等

设计主题： 为客厅选择吊灯时，应该要考虑到居室的家具摆设和物品陈列。空间的装扮十分简洁，选择大气典雅风格的灯饰，更加能够凸显出简洁宁静的空间氛围。

10

方案 **10**
时尚艺术造型的灯饰

适用灯具： 圆形灯饰等

设计主题： 在棕红色背景墙的映衬下，居室的氛围十分宁静，明亮的米黄色灯饰像是一轮皎洁的明月。大型时尚灯饰的材质轻盈，所以并没有为小户型客厅空间带来压抑感。

11

方案 **11**
精致小窝里的古典灯饰

适用灯具： 中式韵味吊灯等

设计主题： 在小户型居室空间里，古典造型的球形灯饰，玲珑小巧，与白色为主调的客厅十分相称，营造了一个充满活力、精致有趣的客厅空间 。

方案

12
混合材质的时尚吊灯

适用灯具：白色瓷质吊灯

设计主题：在宽松明亮的餐厅中，选择白色瓷质外壳和不锈钢混合的吊灯装饰，更像是一组时尚的艺术装置，显衬出居室的高雅气质。

方案

13
海星灯饰装点可爱卧室

适用灯具：可爱海星灯饰等

设计主题：居室装扮风格从墙壁到床品，再到灯饰，都充满了可爱雅致的气息，手工布艺抱枕体现了屋主的特点，使用海星造型的灯饰装扮空间，令居室洋溢着可爱的童趣。

方案

14
纯净空间里的温馨灯饰

适用灯具：米色吊灯等

设计主题：厨房的窗户设计十分独特，将中间部分挖空，设计成通向户外的明亮窗户，一下子拉近了居室与自然的距离，使用米色吊灯装点空间，保持了空间轻盈舒适的氛围。

方案 **15**
精巧吊灯让人眼前一亮

适用灯具： 小巧简约的吊灯等

设计主题： 卧室的床头板背景墙使用红色皮具软包装饰，渲染出居室的热情和华丽氛围。在华丽的氛围下，选择造型简约的小巧吊灯更加能够与空间的华丽气质相匹配。

精彩细节： 根据居室淡雅温暖的特点，特地选择了一款白色棒状的吊灯，白色的瓷质外壳，显得十分温润舒适。

方案 **16**
玲珑别致的时尚吊灯

适用灯具： 白色造型吊灯等

设计主题： 居室使用淡紫色的墙壁，展现了居室清新脱俗的气质，造型别致的白色吊灯成为吸引人们的焦点。

17

华丽大气的圆形灯饰

适用灯具： 温馨感的灯饰等

设计主题： 卧室的整体布置偏向于温馨可爱的装扮风格，带有花边装饰的布艺抱枕恬静可爱，桶形的布艺灯饰，强调居室的大气、华丽。

18

温馨精致的吊灯

适用灯具： 造型优雅的米色吊灯等

设计主题： 米色的灯饰装点出十分温馨的居室气质，搭配卧室布置的布艺床品和窗帘，整个居室显现出十分浪漫动人、精致温馨的风格。

19

低矮的米色吊灯

适用灯具： 对称分布的米色吊灯

设计主题： 本案卧室的灯饰布置与众不同，对称分布的吊灯高度与常见的台灯高度相近，搭配背景墙上的藏光灯，营造出卧室丰富的层次感和宁静的空间气质。

4.2 台灯的选择与布置

　　小户型中除了吊灯之外，合理地使用适合的台灯，也是一种很好的选择。可以针对于客厅、卧室、书房等不同房间，选择或现代，或古典，或简约，或时尚等不同风格的台灯。此外对于台灯的造型、颜色，也要根据不同需要和不同搭配进行调节。将台灯合理地与自己的小户型完美搭配，从而真正营造出舒适美观的空间环境。

方案 01 米色台灯装扮时尚客厅

适用灯具： 造型简约的米色台灯等

设计主题： 橘色的沙发为客厅营造了活力时尚的气息，搭配造型简约的米色灯饰，使居室显现出十分轻盈的质感。

方案 02 卷曲造型台灯点缀浪漫气质

适用灯具： 黑色铁艺台灯等

设计主题： 在卧室空间里，台灯一般都是布置在床头柜上，红色的实木柜搭配黑色铁艺台灯，十分相称，卷曲的造型点缀了居室的浪漫、优雅气质。

方案 03 从居室色调选择台灯

适用灯具： 红色布艺台灯等

设计主题： 为客厅选择台灯，应该与客厅的装饰风格保持一致，深红色的实木桌几上，放置一盏红色布艺台灯，打造出中式古典居室的味道。

04

04
古香古色的居室装扮

适用灯具： 白色方形台灯等

设计主题： 整个卧室的色调充满了古朴意境，使用黄色原木材质充当背景墙装饰，卧室的气质十分古朴文雅，床头柜上的台灯点亮了居室，在幽暗的空间里显得十分精致。

方案

05
百褶灯罩台灯装点空间

适用灯具： 百褶灯罩台灯等

设计主题： 居室的总体风格安静文雅，墙面上布置的风景油画，令居室充满了艺术气息，黄色条纹床品十分雅致，采用百褶灯罩的台灯装饰显得十分生动、别致。

精彩细节： 铁艺台灯充满浓郁的复古气息，明亮的光线充满整个温馨的居室，塑造了小户型空间里特有的亲切和温馨感。

05

方案 06
简约台灯塑造墙面层次

适用灯具： 现代感的简约台灯

设计主题： 小户型居室的背景墙装饰富有特色，搭配简单的空间布局，渲染空间的文艺气质，现代时尚的台灯放置在墙角的床头柜上，点缀了小角落里的温馨氛围。

方案 07
现代时尚的台灯

适用灯具： 白色灯罩的台灯

设计主题： 为卧室选择台灯时，可以根据平时的使用需求选择功能性或装饰感的台灯，圆形的灯罩十分简约大气，搭配不锈钢材质的灯柱，看起来十分牢固耐用。

精彩细节： 居室的大体氛围宁静、质朴，装饰上呈现出传统风格，选择瓷器灯柱的台灯，装饰感强烈。

08
白色台灯装饰卧室

适用灯具： 木质工艺台灯等

设计主题： 卧室的整体风格趋向于恬淡的意境，给人的感觉非常清新、舒爽，睡床一侧的乳白色床头柜上，布置了木质台灯，白色的台灯简单宁静，与白色的布艺床品构成呼应关系，令居室显得宁静而浪漫。

09
台灯装点卧室经典气质

适用灯具： 经典时尚的台灯

设计主题： 黑色和深棕色在卧室中的合理搭配让空间展现出一种经典、时尚的风范，黑色的床头柜摆放在睡床的两侧，并布置上造型精美的台灯，明亮的光感将居室的完美气质衬托出来。

精彩细节： 铁艺灯架的设计富有韵律感，展现出台灯的完美架构。

华美气质的台灯

适用灯具： 卷曲铁艺灯架等

设计主题： 如果在卧室布局中，只摆放简单的家具和床，那么不妨为居室选择装饰性稍稍强烈点的台灯，这样更能衬托出居室的优雅气质，卷曲造型的铁艺台灯就是很好的选择。

方案 **11**

花瓣造型的台灯

适用灯具： 花瓣造型的灯饰等

设计主题： 整个卧室空间透着一种清新和淡雅，人们置身其中备感放松和舒适，带有抽屉的床头柜上摆放着造型娇美可爱的白色台灯，搭配绿色的植物盆栽，十分清新、美观。

方案 **12**

清新风格的台灯

适用灯具： 简约造型的台灯等

设计主题： 墙面上淡绿色的菱格图案装点卧室，展现出一派清新自然的景象，选择灯罩边缘带有绿色的台灯，与居室的整体气氛相融合，共同点缀了居室自然、恬静的气质。

 13

13
带有水晶球装饰的台灯

适用灯具： 水晶球灯柱台灯等

设计主题： 主人在布置台灯时，将桌柜和床头柜上各布置一盏台灯，红色水晶球状的灯柱气质华美动人，与温馨的透明水晶球灯饰交相辉映，居室的氛围十分温馨独特。

14
小巧的白色台灯

适用灯具： 小巧的白色台灯等

设计主题： 舒适的睡床旁摆放着一盏白色的小台灯，微微泛着暖黄色的灯光将蓝色的墙壁映衬出多变的层次感，阅读的时候可以将灯光调到最大的亮度，以保护视力。

提示　床头柜的多样设计

　　随着睡床的不断变化和个性化壁灯的设计，人们常用的床头柜的款式也随之变得丰富多样，其带来的装饰作用显得比实用性更加重要，受人关注。现在的床头柜已经告别了以前不注重造型设计的时代，设计感越来越强的床头柜逐渐崭露头角，床头柜可以不再成双成对地出现，按部就班地摆放在睡床的两侧。有时候，即便是只选择了一个床头柜来布置卧室，也不必担心会产生单调、乏味的感觉，相反，这样的布置方式或许还会带来意想不到的时尚感和个性气质。

14

方案 ▶ ## 15
灰色调卧室的时尚台灯

适用灯具： 简约时尚的台灯等

设计主题： 在灰色调布置的卧室空间里，选用金属材质支架和灯罩的台灯，打破了居室的沉闷，精巧时尚的外形装点了卧室的现代气息。

方案 ▶ ## 16
巧克力色的卧室

适用灯具： 造型别致的深色台灯等

设计主题： 小户型居室同样可以营造出端庄典雅的居室效果，在白色的床头柜上摆放一盏简约的深色台灯，搭配咖色调的空间，包括花纹壁纸、布艺床品、地毯等，令空间的气质十分经典华贵。利用墙角的空间放置实木方桌，供人们学习、阅读，使用造型别致的台灯装饰，十分美观。

方案 ▶ ## 17
亮黄色的灯饰点缀卧室

适用灯具： 金属支架台灯等

设计主题： 本案卧室的装扮时尚大气，地毯上的圆圈纹饰显现出浓烈的浪漫气息。在床头板背景墙的两侧墙面使用橙色装点居室的温馨感，选择金属材质台灯装饰，暖黄色的灯光与橙色背景，烘托了居室的温馨和活力。

方案 18
布艺灯罩的台灯

适用灯具： 布艺台灯等

设计主题： 卧室风格呈现出清新恬静的特点，深红色漆艺床和床头柜精致简约，散发出油亮的光泽。在绿色植物的陪衬下，亚麻色的布艺台灯更加展现出卧室的自然美感。

精彩细节： 使用淡色系轻盈材质的布艺装饰卧室，令空间散发出十分温馨的气质，深红色的地板光泽亮丽，米色灯罩上的立体花朵显得十分唯美浪漫。

方案 19
装饰纹样布局卧室

适用灯具： 传统纹饰装饰的台灯等

设计主题： 本案卧室的整体布置，体现出传统与时尚相融合的特点。将传统风格的装饰纹样应用在床饰、墙饰、家具、背景墙的装饰中，配套装饰的床头柜和台灯，令小户型卧室更加具备整体感。

精彩细节： 端景柜同时具有储物收纳的强大能力，而且其展现出的高贵感非常鲜明。

4.3 落地灯的选择与布置

在为小户型住宅布置光源时，布置落地灯是一个不可忽略的环节。落地灯的灯光可以覆盖居室的一个小区域，通过光照强度的变化，为居室提供需要的光源，营造出层次感丰富的居室环境。此外落地灯还凭借其外观上的独特和别致，颇受装修者们的喜爱。一般常见的有直照式落地灯和上照式落地灯。

方案 01
精致的铁艺烛台

适用灯具： 铁艺灯具等

设计主题： 小户型卧室布置落地灯，仍然应该遵循简洁、舒适的原则，选用铁艺花纹造型的灯座，精致简约的外形，与卧室的面积和布局相匹配，烛光的点缀，使小小的角落充满了灵气。

方案 02
落地灯装饰线条感卧室

适用灯具： 金属灯架的落地灯等

设计主题： 黑色皮具装饰卧室床头板，搭配竖纹壁纸的背景墙及卡其色垂感的窗帘，居室的气质时尚而经典，同样是线条感强烈的落地灯，点缀了卧室完美、流畅的空间感。

精彩细节： 实木柱式落地灯所散发的温暖光线，令色调单一的卧室活跃起来。

01

02

提示 | 直照式落地灯选购须知

直照式落地灯是大家比较熟悉的灯具，不存在什么选购难度。但要注意，灯罩下沿最好比眼睛低，这样才不会因灯泡的照射使眼睛感到不适。

方案 03
03
灯具点缀田园风格卧室

适用灯具： 铁制灯杆的落地灯

设计主题： 卧室较多地使用布艺花纹装饰，充满了活泼田园的气质，在角落处设置的落地灯可灵活调整高度，铁质灯杆十分牢固耐用。

方案 04
04
局部照明营造空旷效果

适用灯具： 直照式落地灯

设计主题： 在小户型客厅的角落处设置直照式落地灯，集中的光线可以在阅读时使用，散射到房间的光线，使小户型居室的客厅显得更加空旷。

方案 05
05
营造温馨怡人的卧室

适用灯具： 白色落地灯等

设计主题： 在很多小户型卧室里，我们可以看到，除了卧室两侧床头柜上的灯具外，在房间的角落处或是桌柜旁都会放置一盏落地灯。因为卧室需要营造出温馨怡人的环境，使用不同的灯具来装点，会让卧室更加舒适和温暖。

方案 **06**
落地灯装点局部空间

适用灯具： 暖黄色落地灯等

设计主题： 餐厅与客厅共处在同一空间时，布置的灯具应该选用明亮的灯具，搭配使用与居室风格一致的落地灯，将会令空间更加协调完美。

方案 **07**
艺术灯具装扮客厅

适用灯具： 艺术风格的落地灯等

设计主题： 房间的结构完整，沙发的格局十分大气，结合居室高雅的家装品位，在房间的一角设置时尚艺术风格的灯饰，与客厅的吊灯及其他软装相呼应，令客厅溢满了时尚古典气息。

精彩细节： 灯架的设计时尚现代，搭配咖色的灯罩能衬托出居室的时尚经典气质。

08

创意趣味灯具装点客厅

适用灯具： 金属灯具等

设计主题： 黑色的客厅墙壁往往带给空间深邃感，造型简约的白色沙发布置在客厅里，在视觉上有种膨胀感，金属材质的灯具，造型玲珑有趣，是源于自然植物的创意构思，使得客厅有种另类的时尚。

09

方案 09

优美弧线的灯具

适用灯具： 时尚简约的落地灯等

设计主题： 客厅的整体设计和布置有意表达一种高品质的生活方式，个性突出的圆形茶几十分出彩，似乎寓意和谐与圆满，卡其色舒缓着居室的节奏。造型简约别致的落地灯，用弯曲的弧线构造出完美与时尚的空间质感。

方案 10

注重静谧感的空间

适用灯具： 古典风格的落地灯等

设计主题： 空间可以突出居室静谧、古典的特色，局部吊灯的光源渐渐散落，深色沙发和墙面区域独具幽暗格调，在沙发的角落设置布艺古典落地灯，传统韵味十分浓厚。

10

适用灯具：白色落地灯等

设计主题：亲切柔软的沙发、铺满地面的乳白色地毯，充分显示了客厅舒缓轻松的格调，白色筒式灯具以其弯曲的灯颈，活跃了客厅氛围。

精彩细节：墙面上的纹饰很有民族特色，华丽而繁复，编织工艺的柱形灯架搭配上窄下宽的灯罩，极具装饰性。

方案

12
简约外形的落地灯

适用灯具：白色落地灯等

设计主题：整个客厅空间的装扮显现了浪漫轻盈的气质，大面积的鲜粉色、淡紫色墙面为客厅奠定了浪漫基调。壁炉两侧的白色落地灯时尚大气、简约纯净，具有强大的气场。

灯具是小户型居室重要的装饰元素，可以称之为居室最有魅力的调情师，不同造型、色彩、材质、大小的灯具能带给空间不同的光影效果，也就可以展现出风格迥异的居室表情。灯具的分类多种多样，除了前面介绍的灯具外，还有壁灯、花饰吊灯、暗藏灯等，装修者应根据需要和爱好选择灯具，如果注重装饰性又追求现代风格，可选择活泼点的灯饰，如果喜欢民族特色造型，则可以选择雕塑工艺的灯饰。

方案 01 休闲阅读灯具

适用灯具： 多功能阅读灯等

设计主题： 多功能的阅读灯，在书房里比较常见，支架的设计便于灵活调整居室的灯光。在晚间，或是光感较弱的时候，可以打开台灯静静地阅读，慢慢享受饭前茶后的休闲时光。

精彩细节： 餐厅的空间面积开阔，使用局部灯饰和分散在吊顶上的天花灯装点餐厨空间，营造出十分温和舒适的光感，造型顶上嵌入的天花灯尤其显得时尚、高雅。

方案 02 灯光营造餐厅的艺术氛围

适用灯具： 射灯、时尚吊灯等

设计主题： 餐厅墙面上的艺术装饰画需要适合的光线，所以造型顶上设置了天花灯，光线由上而下慢慢地洒落到画作上，半球形的时尚吊灯，将就餐区域照射得十分明亮。

01

02

03

方案 03
精致壁灯装饰墙壁

适用灯具： 壁灯等

设计主题： 在浅青色的墙壁上镶嵌着精致的壁灯，加上壁灯旁装饰的图案，让整个空间变得幽静，这样的设计能充分利用墙壁空间，同时图案和壁灯又能增强房间的艺术性。

方案 04
带有灯罩的壁挂式灯具

适用灯具： 床头灯等

设计主题： 配合卧室背景墙上的蓝色花纹壁纸，使用纯白色床品，布置出清新亮丽、明净动人的空间。时尚简约的暖黄色床头灯，与蓝色的背景墙形成微妙的对比，提升了空间的舒适感。

提示 壁灯的选购和装饰

在购买壁灯的时候，首先要看一下灯具本身的质量。灯罩通常由玻璃制成，而支架一般是金属制成的。灯罩主要看其透光性是否合适，并且表面的图案与色彩应该与居室的整体风格相呼应。壁灯一般布置在客厅的墙角，与中央的吊灯形成呼应，增加空间的柔和气氛，还可试着选择一些造型独特的壁灯灯罩，来增加空间的欢快气氛，给人十分柔和、均匀的视觉感。

04

05

方案 05
多种形式灯具装扮卧室

适用灯具： 壁灯、吊灯、天花灯等

设计主题： 简约的电视柜靠窗布置，也不需要更多的灯具装饰，但靠近里面的睡床位置，使用了多种不同的灯具装扮出十分静谧的效果。

06

方案 06
富有装饰意义的灯具

适用灯具： 玻璃灯罩的灯具等

设计主题： 简约而时尚的深咖色沙发与客厅的白色墙面，构造出经典时尚的空间环境，玻璃灯罩装饰的时尚灯具，摆放在拐角处的白色台面上，具有强烈的装饰意义。

精彩细节： 对称分布在睡床两侧的壁灯造型感突出，犹如画龙点睛之笔。

第5章

细心选择装饰品点缀小户型

　　现代家居装修中，软装的设计不容忽视，体现在小户型居室中，屋主更应该结合空间风格、生活习惯、兴趣爱好等，来选择不同风格的布艺窗帘、沙发套、床罩、挂毯、挂画、花卉绿植等软装元素。软装是个人品位的体现，更是点缀小户型空间的法宝。

5.1 根据主题风格选择装饰品

　　面对市场上琳琅满目的家居装饰品，很多装修者感到无从下手，事实上，为小户型居室选择装饰品很简单，能够把握最重要的点，就可以保证家装的整体质量。空间的主题风格是家装和在选择装饰品时都不能忽略的，根据主题风格选择合适的软装元素，装饰出来的空间效果会很和谐、完美，也更能有效提升空间的气质和品位，让居室更加出彩。

方案 01

书香文雅的居室装扮

软装元素： 精美烛台、淡绿色植物等

设计主题： 在咖灰色调装扮的客厅空间里，实木茶几上摆放着造型精美时尚的烛台，点缀了居室恬静典雅的氛围，搭配淡绿色碎叶植物，空间弥漫着淡雅自然的气息。

精彩细节： 淡黄色的背景墙上挂着书法作品，搭配红木柜子上的陶瓷工艺品和花瓶，点缀了居室浓厚的书香文雅之气。

方案 02

古典花瓶里的时尚装置

软装元素： 古典瓷瓶等

设计主题： 床头上方墙面放置着一块空白的原木色墙板做装饰，与居室的恬静氛围相一致，花青色的古典瓷瓶里插放着干枝装饰物，使时尚、古典、自然三者有机融合。

03
花卉装饰点缀自然气息

软装元素：装饰画、牛角、花卉等

设计主题：深灰色的墙面装饰和时尚的咖色装饰画让卧室的气质沉静大气，充满个性和原始气息的牛角搭配粉色的花卉，装点出自然味道。

精彩细节：卧室中布置的椭圆形镜面，既能放大视觉空间，也能打破沉闷的墙壁，搭配黑色插瓶里的白色小花，显得十分雅致。

方案 **04**
精致中透露着随性自然

软装元素：树木造型衣架、金色悬挂物等

设计主题：卧室里黑色漆艺的家具，造型考究、光泽亮丽，体现出十分精致的特点，随性摆放的树形衣架和金色装饰物，展现出布局上自然随性的特点。

05

方案 05
艺术装置的吊灯

软装元素： 时尚吊灯等

设计主题： 灰色的背景墙装饰搭配睡床上的白色床品，为空间营造了十分典雅的气质，加入时尚的吊灯，更加凸显了卧室里的典雅和前卫艺术感。

06

方案 06
纤细的金色花瓶装饰卧室

软装元素： 金色花瓶等

设计主题： 深色实木床头柜上摆放着金色纤细的花瓶，利用花瓶的精致和闪亮，打破了平静的居室氛围。

方案 07
盆栽植物点缀卧室清新气质

软装元素： 盆栽植物、暖黄色台灯等

设计主题： 将清新感十足的植物盆栽放置在小户型卧室的角落处，营造出十分舒适清新的空间感，明亮的台灯照射在黄色床头柜上，整个卧室都很温馨。

07

08

方案 08
明净高雅的居室效果

软装元素： 组合装饰画、盆栽植物等

设计主题： 带有明亮落地窗的卧室，能够为人们提供休息和娱乐放松的空间，家具的布置呈现出简约的特点，白色的床品尽显明净高雅，组合装饰画的点缀，增加了艺术气质，盆栽植物让人有放松感。

方案 09
充满趣味的花车装扮

软装元素：植物花卉、花车等

设计主题：主人在布置卧室时，使用了田园风格的布艺床品，展现出居室自然、雅致的氛围。床尾处放置的花车上，绿色的藤类植物和花卉，将其装扮得充满了生机和活力。

方案 10
画作提升居室的艺术感

软装元素：点彩风景画、花卉装饰等

设计主题：厚实而又舒适的睡床摆放在卧室的一角，使用点彩绘画作品装饰白色的墙壁，有助于提升居室的艺术感，布艺条纹地毯装饰地面与橙色的床品相呼应，营造出欢快明净温馨的居室氛围。

提示 植物花卉、布艺印花点缀田园气息

装扮小户型田园味道居室时，想要给空间带来点不一样的清新和舒适，热情的印花布艺是不错的选择，不论是用印花布艺、印花壁纸，还是富有生气的植物花卉，都能让空间，弥漫着浓郁的田园风味，带给人们田园悠闲自在的清新体验。

方案 **11**
古典饰物装点时尚居室

软装元素： 白瓷瓶、手工艺品、古典首饰盒等

设计主题： 米黄色原木桌子上，白色的花瓶与橙色的背景墙搭配十分华美温馨，手工制作的挂饰随意地放置在桌面上，做工精美的古典首饰盒放在这里，点缀了时尚随性风格的空间。

方案 **12**
花卉装饰甜美气质的空间

软装元素： 鲜艳的植物花卉等

设计主题： 小户型住宅的餐厅布置往往呈现出紧凑型布局的特点，使用红色格子的布艺椅垫能增加椅子的舒适度，白色的餐椅搭配原木色的餐桌，使空间呈现出十分舒适自然的氛围。在餐桌上摆放一束鲜艳的花卉，既能美化环境，衬托餐厅的甜美气质，还有助增进人们的食欲。

方案 **13**
红叶植物装饰空间

软装元素： 红叶植物等

设计主题： 经典时尚气质的黑色沙发和黑色实木茶几，搭配布艺抱枕，有种时尚与古典融合的味道，使用米黄色的花瓶搭配红叶植物，红叶植物十分娇小、雅致，整个居室都显得清新脱俗。

14

华贵风格的金色装饰物

软装元素：金色边框的镜子、工艺品等

设计主题：居室角落空间里，在蓝色多层抽屉柜上摆放了羊角、镀金工艺品、红色灯饰等，搭配墙壁上的镀金镜子，装饰风格展现出浓郁的异域特色。

15

方案

烛台装饰出端庄大气

软装元素：黑色烛台等

设计主题：烛台是居室空间里很常见的装饰物，尤其是在餐厅里，点上蜡烛，晶莹闪动的烛光将餐厅映衬得十分浪漫，造型独特大气的黑色烛台与居室华丽端庄的气质相称。

16

方案

体现简约精致的装饰物

软装元素：黑色瓷器、精致的水果盘等

设计主题：客厅的空间面积较小，使用白色装饰墙面、地面等，分散视觉重心，加上造型简约的家具，并没有狭小的印象，使用黑色的大瓷瓶和花纹水果盘，体现出极为精致的生活品位。

精彩细节：使用干枯的植物枝干搭配米色花瓶，彰显出前卫、典雅的装扮风格。

17 白色箱子插放绿色植物

软装元素：绿色植物、白色箱子等

设计主题：整个居室都使用纯净的白色系来装点，箱式的插花装饰更加能够体现出居室纯净简约的气质。

18 充满意境的玄关装饰

软装元素：精致瓶花等

设计主题：玄关是整个居室的一个缩影，使用灰色瓷砖装饰的背景墙，自然的肌理与白色瓶花构成了一组充满意境的装饰，令玄关的气质显得十分沉静高雅。

5.2 装饰品的搭配与布置

　　在寸土寸金的小户型居室中，每一件软装元素的选择和摆放都要经过深思熟虑，因为它们"肩负重任"，既要装点出屋主个人的特色，又要确保空间的和谐度和完整性，装饰品与空间的匹配度，就是装修者们在搭配和布置软装元素时必须着重考虑的问题了，具体怎么做呢？可参考以下装修方案。

方案 01 陶瓷艺术品装点空间

软装元素：白色陶瓷品、碎花植物等

设计主题：灰色墙壁有种无限延伸的错觉，搭配红色实木家具和白色陶瓷工艺品，令居室展现出十分强烈的艺术气质，碎花植物十分可爱。

方案 02 白色瓷器彰显艺术气质

软装元素：白色瓷瓶、玻璃杯等

设计主题：在小户型居室空间里，不对称设计的白色沙发充满了优雅、休闲格调。蓝灰色的背景墙衬托出高雅的空间气质，白色瓷瓶富有艺术感。

> **精彩细节：**白色花卉十分玲珑、雅致，在高脚杯和红色酒瓶搭配下，使空间高雅脱俗。

01

02

提示　软装搭配布置小户型居室

　　为了营造出居室和谐统一的装饰风格，软装元素装点空间也需慎重选择，否则软装元素搭配不当，会影响居室的整体气质。

玻璃插瓶里的紫色花卉

软装元素： 紫色瓶花等

设计主题： 餐厅是一个需要具备高度整洁性的空间，在深红色餐桌上摆放一组清新淡雅的紫色瓶花，是一个非常不错的选择，瓶花的装点，令居室整体风格趋向于恬淡、优雅的意境，给人的感觉非常明净、温馨。

方案 04

鲜粉色花卉装点客厅

软装元素： 玻璃瓶花等

设计主题： 黑色实木茶几和白色沙发在卧室中的合理搭配让空间展现出一种经典、时尚的风范，色泽鲜艳的布艺抱枕，展现出活泼的气质，搭配茶几上的粉色玻璃瓶花，显得十分雅致、清新。

精彩细节： 紫色的插花筒与紫色的布艺沙发抱枕相呼应，将白色的实木茶几装点得十分美观。

05

方案 ## 05
编织筒里的绿色植物

软装元素： 花篮植物、帆船模型等

设计主题： 居室的软装元素因为空间面积和家具布局的因素，显得有些分散，帆船模型放置在咖色实木抽屉柜上，充满了趣味性，编织筒里的绿色植物搭配白色墙壁，营造出十分清新的空间气质。

06

方案 ## 06
编织插花筒装点居室

软装元素： 藤制插花筒、精美陶瓷等

设计主题： 玄关的总休装扮舒适而亲切，让人一进门就可以感受到屋主雅致的生活品位，使用藤制编织花筒装饰清新的花卉，十分赏心悦目，布置在墙面壁龛里的瓷器，突出了居室的古典、文艺气质。

方案 ## 07
中式古典屏风装饰居室

软装元素： 古典屏风等

设计主题： 带有中国画装饰的屏风装点客厅，轻松造就了居室十足的文化内涵，更重要的是将古典装饰融合到现代时尚风格的家居中，使居室的传统文艺气质得到明显的提升。

07

现代风格的居室装扮

软装元素： 半球形吊灯、盆栽植物等

设计主题： 在餐厅的中央布置了两盏半球形的时尚吊灯，搭配简约典雅的餐桌椅，营造出十分鲜明的现代风格居室，搁置在角落处的盆栽植物装点出居室的绿色自然气息。

精致的小户型客厅

软装元素： 玻璃瓶花等

设计主题： 在小户型居室的装扮中，紧凑型的布局能够节省很多空间，软装元素如花卉的装饰最好选用玻璃质感的花瓶，这样可以增加居室的轻盈感和轻松氛围。

> **精彩细节：** 居室的软装风格大体都是使用竖形时尚装置，镀金雕塑放在黑色实木边柜上具有很强的艺术性，纤细的淡绿色和白色瓷瓶，具有抽象拉伸的视觉效果。

08

09

精美玻璃瓷釉装饰花卉

软装元素： 瓷器瓶花等

设计主题： 客厅的布置看起来很规整，家具的摆放井然有序，实木方桌上放置着精美的玻璃瓷釉大花瓶，并装饰有橙色的花卉，这使得居室的清新雅致感得到提升，为空间带来活力感。

10

方案 11
墙角的盆栽植物

软装元素：大株盆栽植物等

设计主题：天然原木材质的地板装饰地面，搭配墙角处的大株绿色盆栽植物，营造出自然质朴的空间味道。

方案 12
养护花卉体现屋主修养

软装元素：白色花架、各类盆栽花卉等

设计主题：屋主使用白色的多层板架收纳了各种各样的植物花卉，体现了屋主细腻、精致的生活特点，错落有致的各种花卉放置在居室空间里，更是个人爱好和修养的体现。花卉的优点很多，美化环境、净化空间，还让人赏心悦目，在家居装饰中，是很不错的软装元素。

方案 13
大叶绿色植物装点客厅

软装元素：大叶片的盆栽植物等

设计主题：自然的米色、原木色装扮空间以及巧妙的家具布局和合理的设计，让客厅变得亲切自然。绿色盆栽植物的装点成为最具自然感的装饰，一下子就拉近了空间与自然的距离。

方案 14
华丽造型的软装元素

软装元素：镂空装饰物、红色花卉、时尚装置等

设计主题：空间的整体装扮都凸显出十分华美的气质，镂空装置的容器可以存放糖果，鲜艳的红色花卉搭配反光材质的插花筒，显现出十分时尚、华美的居室气质，作为软装元素之一的镜面装饰，使空间显得轻松、开阔。

方案 15
时尚融合古典的装扮

软装元素：蜡烛、花卉等

设计主题：餐厅使用深棕色实木餐桌搭配白色的餐具以及红、白、黑色组合的蜡烛，营造出十分经典的居室氛围，红色花卉在深色桌面的映衬下，散发出惊人的美艳，整个居室的装扮将时尚与古典进行了完美的融合。

方案 16
仙人掌装点厨房

软装元素：仙人掌等

设计主题：厨房的整体布置十分规整、干净，这也得益于整体橱柜的合理布局和收纳整理，将两株仙人掌放置在白色的台面上，可以为空间带来很多氧气，还能防止电磁炉等的辐射。

5.3 小户型中的墙面装饰

　　无论在小户型家庭的哪个居室空间中，墙面装饰都是必不可少的装饰环节，尤其是在客厅、餐厅、卧室等利用率较高的空间里，墙面装饰影响到居室整体的气质，常见的墙面装饰主要有装饰画、花纹壁纸、装饰镜、时尚艺术装置等，通过墙面装饰能够体现居室的完美气质和屋主独特家居的品位。

方案 01 古典华贵风格的居室

软装元素： 黑色边框的装饰画等

设计主题： 睡床使用红色亮丽的漆艺装饰，搭配古典花鸟画背景墙，营造出十分浓厚的古典文艺气质，也显现出华贵的空间特点。

精彩细节： 在淡黄色的墙面上布置黑色边框的装饰画，可以展现居室文雅、清新的气质，搭配暖黄色的台灯，装饰出空间的温馨、明亮感。

方案 02 床头背景墙的凹槽设计

软装元素： 花纹壁纸、粉色瓷器等

设计主题： 卧室的装饰十分精致时尚，在背景墙上设计凹槽，并装饰以古典风格的壁纸，以及粉色瓷器摆设，装点出别具风味的卧室空间。

方案 **03**
简约风格的装饰画

软装元素： 黑色边框的装饰画、布艺纱窗等

设计主题： 卧室的床品使用深棕色营造出成熟、典雅的味道，使用黑色边框的装饰画来显示居室的文艺内涵，具有垂感的布艺纱窗十分轻盈浪漫。

方案 **04**
前卫墙饰装扮卧室

软装元素： 白色时尚墙面装饰等

设计主题： 卧室设计和布局彰显出开阔完整的气势，墙面使用前卫艺术风格的白色装饰，令卧室充满了艺术气息。

精彩细节： 选用另类风格的装饰画装点米色墙面，描绘的高脚杯和酒瓶来表达居室十分休闲时尚的空间格调。

方案 05
装饰画点缀了清新气质

软装元素： 清新风格的装饰画等

设计主题： 温馨经典的卧室设计，选择床品的材质和颜色是十分重要的，白色纯净的棉质床品上搭配一条橙色条纹布艺床饰，显得亮丽而温馨，清新的植物装饰画，十分出彩。

方案 06
淡雅风格的卧室

软装元素： 风景壁纸等

设计主题： 卧室的总体风格清新自然、宁静恬淡。充满趣味的风景壁纸装点卧室的背景墙，搭配同色系的布艺抱枕和床饰，能给人一种舒缓、放松的感觉，展现出清雅舒适的卧室格调。

提示 装饰画的色彩选择

装饰画不但可以摆放在客厅内沙发后面、电视机后的墙面上、卧室内，还可以摆放在厨房、阳台、别墅外的墙壁上。不过值得注意的是，在摆放时要根据不同的空间进行颜色搭配。一般现代家装风格的室内整体风格以白色为主，在搭配装饰画时多以黄红色调为主，不要选择颜色过于沉闷的装饰画，客厅内尽量选择鲜亮活泼的色调，如果室内整体色调干净，如纯净的白色调居室，即可选择高级灰、艺术格调的装饰画。

花卉画作装饰白色墙壁

软装元素：时尚花卉作品等

设计主题：造型简约的黑色实木餐桌椅装点空间，使餐厅的氛围显得时尚而沉静，在白色墙壁的映衬下，还会使人产生很强的怀旧感和经典气质。为了打破餐厅的这种格调，屋主选用色彩鲜艳的红色花卉作品装点，显得活泼雅致。

方案 08
民族融合时尚的装扮

软装元素：动物造型、铁艺花纹等

设计主题：小户型居室的白色墙面上使用马头来装点，展现出十分强烈的民族特色，具有很多吉祥美好的寓意，与玫红色的沙发相搭配，显现出十分独特的浪漫与时尚华丽，体现了民族特色与时尚相融合的特点。

方案 09
极致绚烂的居室氛围

软装元素：时尚花纹壁纸、装饰画等

设计主题：居室使用大面积黑白红对比风格的花纹壁纸，带给人绚烂夺目的视觉冲击，造型时尚的红色休闲沙发椅，点亮了居室的时尚格调。

方案 10
岩石天然质感的墙面

软装元素： 岩石质感的墙面等

设计主题： 天然岩石质感的电视背景墙装饰搭配特效的灯光，营造出自然的天光感，整个居室展现出天然时尚的布局特色。

方案 11
时尚水墨纹理的墙壁装饰

软装元素： 水墨纹理墙面等

设计主题： 在居室的玄关处设置了黑色的组合搁架，背景墙采用了现代时尚的水墨纹理装饰，营造出十分生动、耐看的墙面效果，搭配居室的干枝艺术品装置，点缀了一个充满时尚文艺气质的居室。

方案 12
青花瓷圆镜装扮玄关墙壁

软装元素： 瓷器风格的装饰镜等

设计主题： 玄关处使用蓝灰色的端景柜和精致的墙面镜装点，流露出居室十分高贵文雅的气质。

方案 **13**
精致有趣的居室空间

软装元素： 动物造型装饰墙面等

设计主题： 客厅空间的布艺沙发抱枕以及简约的红色罐子，从色彩搭配到造型特点都充满了趣味性，动物造型的墙饰，充满民族特色。

方案 **14**
选择风格匹配的装饰画

软装元素： 沙发背景墙装饰等

设计主题： 客厅的整体装扮都使用纯净感的白色系，白色调能带给小户型空间一种延伸感，使用抽象的装饰画装饰沙发背景墙，与沙发和居室的总体风格都很相称，居室显得十分和谐舒适。

精彩细节： 组合的红色装饰画，与客厅的红色布艺沙发抱枕十分相称。

5.4 小户型中的布艺品装饰

布艺装饰在现代家居中，越来越受到人们的青睐，作为重要软装元素之一的布艺装饰，不仅能在家居空间里避免僵硬线条，更能够赋予空间不同的魅力，营造出时尚高雅、亲切自然、轻盈浪漫、庄重典雅等效果，各种各样的家居面孔，用"布"演绎出居室氛围的微妙变化。

方案 01 另类混搭风格的床品

软装元素： 橙黄色抱枕、布艺床品等

设计主题： 卧室使用橙黄色绸缎材质的抱枕与时尚图案印制的床品混合搭配，装点出居室独特、另类的味道，体现出屋主彰显个性的特点。

精彩细节： 卧室使用米色的地毯装饰红色实木地面，居室的温馨感瞬间得到明显的提升，淡黄色的纱窗营造了卧室的浪漫情调。

方案 02 条纹布艺装点恬静居室

软装元素： 橙色布艺床品等

设计主题： 人们通过搭配床品，也可以营造出心中想要的活泼又恬静的居室风格，使用咖色、淡黄色、橙色等暖色系组合的布艺床品，装点出十分舒适、恬淡的居室效果。

方案 03
湖蓝色为空间带来活力

软装元素： 湖蓝色床品、黑色床被等

设计主题： 黑色的床品在白色的墙壁下，散发出经典沉稳的居室气质，使用湖蓝色床饰做点缀，令空间散发出清新的活力。

方案 04
碎花图案壁纸装饰墙壁

软装元素： 碎花壁纸等

设计主题： 在很多小户型的卧室里，屋主都会比较注重梳妆环境的营造，使用淡雅碎花图案的壁纸，轻松打造出空间强烈的女性气质，与深色实木结构的梳妆台和梳妆镜搭配显得十分完美。

方案 05
成熟风格的布艺装饰卧室

软装元素： 米黄色地毯、棕色床品等

设计主题： 卧室整体色调都偏向于成熟的风格，柔软的布艺装饰睡床和地面，令居室显得十分温暖舒适，尤其是屋主选用了长绒地毯来布置地面，给家人带来舒适的生活体验。

方案 06
针织床饰显现灵巧气质

软装元素： 卡其色针织床饰等

设计主题： 造型优雅的睡床上，白色的棉质床品装饰，令卧室空间明亮、整洁，卡其色的针织床饰，展现了居室的灵巧气质。

精彩细节： 淡绿色的布艺窗帘为空间注入了清新的活力，带有花纹的床品甜美可爱，非常适合女孩子的居室。

方案 07
雅致的布艺床品

软装元素： 卡其色布艺床品等

设计主题： 卧室的墙面统一装饰成卡其色，显得安静而亲切，玲珑雅致的枕头、抱枕、小圆枕等，突出了居室淡雅宜人的温柔气质，也体现了屋主内秀型的个人气质。

方案 **08**
布艺营造高品质居室

软装元素： 米色床饰等

设计主题： 使用灰色系装点卧室，搭配特效的照明，塑造出空间丰富的变化，米色床饰上的肌理，丰富了空间的层次和质感变化，搭配质地优良的布艺床品，居室的品位十分高雅。

方案 **09**
紫色营造华丽风情

软装元素： 丝滑感床品、紫色布艺床饰等

设计主题： 在白色为主的时尚卧室里，布置丝滑感的床单、紫色的床饰与白色的床品搭配，营造出具有华丽风情的高雅居室。

精彩细节： 居室使用具有柔软垂滑质感的米白色床品装饰，搭配简约造型的枕头，轻松打造出十分随性、舒适的家居风格，同时也流露着浓浓的浪漫气质。

检
9